方寸

方寸之间　别有天地

致约翰·纳吉和所有农民

A World Without Soil

The Past, Present,
and Precarious Future
of the Earth Beneath Our Feet

[美] 乔·汉德尔斯曼 —— 著
Jo Handelsman

如何走出土壤困境

王飞 译

无土之地

译者序

我们有必要谦逊而坦率地承认，对长期以来生养人类的土壤，我们的确知之甚少。

导致这种窘境出现的原因很多，但主导因素可能来自一个近乎自然而然的事实：我们在长期利用土壤的过程中积累了一些知识和经验，已经几乎可以说明我们对土壤的特性和生产力有了科学甚至系统的认识。

这可能是由我们长期以来所固有的错觉引起的。这个错觉就是我们可以用这些想法和技术实现一些既定的目标，因此我们掌握了它。长期以来，我们已经很熟练地运用这种推论近乎完美地回答了很多问题，甚至认为在土壤方面也可以如此。

很显然这是个不小的错误。我们对这个错误的认识有时颇有信心，我们自视已经了解了土壤的分布规律，对土壤的形成和演化过程也有了一定认识，甚至乐观地认为掌握了土壤调控和功能提升的一些理论和技术。但实际上，我们对土壤的很多基础和重要功能的了解非常欠缺，这是因为土壤与其母质、地貌、气候、生物和时间等相互作用和协同演化过程存在无穷无尽的组合，而这一隐秘世界的过程、物质和功能的复杂性远远超过了很多观察类和实验类的科学。

虽然我们或许有时间和耐心把期望寄托给科技日益发达的未来，但长期以来，土壤已经开始不断减少给人类提供这样的机会，它以土壤侵蚀这一特有方式，在减少土壤数量的同时，也破坏了承载丰富价值的土壤世界，在很多地方甚至已经部分或完全剥夺了某些价值保持和重现的可能。这是因为愈演愈烈的土壤侵蚀不但会损害土壤本身，而且还会让亿万年来在土壤中形成的复杂功能同样丧失，而这些功能确乎是不容易恢复的。很多人还没有意识到这一点，而这就是我翻译这本书的主要原因。

作为长期进行水土保持和荒漠化防治研究的人，在阅读这本书原文的时候，我始终有种莫名的喜悦，喜欢其中清晰的观点，也喜欢通过土壤的前世今生揭示出的土壤超乎寻常的身世，那些超出常规土壤学范畴的内容（如抗生素）更新了我对土壤的认识，甚至还喜欢作者充满表达力的短促且跳跃式的句子。但这些也是翻译过程中的难点所在，为此需要大量补充阅读，进行细致分辨，请教同行和其他领域的专家。

其中的乐趣和苦趣不太好传达，但因为文化或者写作习惯的原因，有些认识还需要读者总结才能更清楚地了解，因此，我也愿意在这里稍作引领。

一是土壤功能的复杂性。土壤功能是地表物质、气候和生物长期共同作用下形成的，不但是植物生长和粮食生产的基础，也是养分和水分存蓄、过滤、清洁和调控的基础，同时也是充满生命过程的活体，而且还因为其形成与演化在空间和时间方面的复杂性和多样性而产生近乎无穷的其他表现，让我们不能过于简单地认识土壤，也让我们不忍或者不敢继续以过于简单的方法和态度对待土壤。以本书提及的抗生素为例，我们很容易知道至少有 45 种抗生素类药物来自土壤，其中阿莫西林、阿奇霉素、头孢他啶、氯霉素、红霉素等我们甚至已经非常熟悉。更可怕的是，全球每年数以万吨的抗生素在给我们提供保护的同时也已经对土壤和水体产生了不可想象的污染，成为当今全球健康的最大威胁之一，在协同演化过程中，越来越多的细菌已经开始具有了逐步增强的耐药性，这同样给医学和健康带来了巨大的无可回避的挑战和威胁。但幸运的是，对抗耐药超级细菌的新武器也可以从土壤中找到，如洛克菲勒大学肖恩·布雷迪（Sean Brady）领导的小组 2018 年在《自然微生物学》(*Nature Microbiology*)期刊上公布的抗生素 Malacidin。这不应该只是被看成一个有潜力的制剂，更应该作为一个土壤具有再发掘潜能的证据。从这个角度看，保护土壤和土壤功能需要我们耐心而强烈的自我提醒。

二是土壤是不可再生资源。2015 年是国际土壤年，联合国宣布土壤是有限资源，并预测 60 年内将会出现灾难性损失。无论是放在土壤的历史还是人类的历史之中，这都相当于宣布土壤是不可再生资源，只是本书提出的这个观点更加明确而强烈。土壤侵蚀是让土壤成为不可再生资源的直接表现，人口增加、森林和草原退化、耕作面积和耕作强度增加是土壤不再是可再生资源的核心成因。但事实上，人类对待土壤的态度和长期以来对土壤损失所带来的威胁的无知、傲慢和迟钝才是土壤这一宿命形成的根源，这也是作者在全书不断提及的核心观点，而且通过与时间变量的结合强化了这一观点，同时列举了一系列成功的经验来说明历史上成功的实践可以与态度同步进化。在很多地方，一些成功的保护土壤和土壤功能的实践虽然可以鼓舞我们的心智，但在如何兼顾农业生产效率和开展大规模土壤保护等方面还严重缺少破局的信心。这也从侧面说明了我们面对土壤问题时会出现的客观的无奈。

三是要积极地保护土壤。无论是强大的似乎难以阻挡的土壤侵蚀大趋势，还是极不乐观的未来土壤灾难性损失带来的不可预知的后果，到目前为止好像还不会产生广泛的共识，更不要说积极的保护了。但这个世界一直都不缺少有坚定认知和愿意考虑人类共同命运的人，这本书就列出了很多实例，这些实例会给关心这个问题的人以更多的冲动和信心，而且历史上很多实例也证明了，积极的、有组织的社会管理具有把少数人关切的大事变成事实的可能性。这些积极的做法既包括基于历史和科学的系统研究所带来的警示和经验，也包括基于社区实践所带来的“我可以做”的信心和机会，还包括与市场结合通过经济手段减弱土壤利用强度的设想，以及通过提高土壤碳数量来解决全球气候变化及其衍生问题的倡议，这些都是可喜而且有确切长期价值的努力。从这个角度看，本书开了一个通向光明未来的好头。

同时，我还有义务指出，本书的一些案例和看法，有些与其他著作的认识不一致。例如，对玛雅人“刀耕火种”的认识更多倾向于低温火烧和生物炭积累对土壤保护和功能维持的益处，这与很多关于玛雅农业文明崩溃中的土壤退化的描述有所不同。再如，作者对铧式犁翻耕引起的土壤破坏的认识没有任何问题，但对大面积耕种的必要性几乎没有任何讨论，很显然这不是本书关心的重点，但可能会给我们留下需要同步思考的新问题。对这类现象，也需要读者结合其他观点加以考虑。

由于译者的专业所限，书中可能会有词语生硬或者错讹之处，感谢您的包容，但更期待您能指出。

西飞

陕西省杨凌示范区

2023 年 1 月 29 日

目 录

序

我之所以写这本书，是因为世界土壤的困境已经成为一场无声的危机。大多数人没有意识到，我们脚下的土地正以惊人的速度在流失。这些供我们行走的，被称为污物的，并始终处于被蔑视地位的东西正处于危险之中。土壤侵蚀会让粮食生产和环境健康的稳定性丧失。如果全世界现在就采取行动，我们就可以根据未来需要来管理土壤，使之可以继续为迅速增长的人口生产粮食，同时利用土壤来储存碳，从而减少温室气体排放并减缓气候变化速度。 ix

作为一个物种，人类有一个由来已久的不去积极解决问题的习惯。在危险降临并身处危机之前，我们总是耽于忽视、争论和怀疑。但是，一旦决定采取行动，我们通常会在工作中产生巧妙的解决方案和协作精神。与我们面临的许多其他危机不同，我们可以解决好土壤所面临的危机，这也让我们感到振奋。根据经验，我们知道如何利用数千年来形成的保护土壤的方式来指导农业实践，而不是眼睁睁地看着它被冲入河流或卷入大气之中。

土壤不仅有实用功能。我写这本书也是为了分享我对土壤及其起源与力量背后的科学的迷恋。我喜欢土壤所具有的神秘和令人陶醉的特性。我为土壤的气味、质地和含义着迷。生命从中诞生，就像一年一次的奇迹。但这并不是奇迹，它比奇迹更好，它是科学的。土壤为人类提供了从食物到拯救生命的药物等多种方式的援助，这激发了我对它的研究兴趣，也培养了我对它的依恋之情。

我们仍然有时间来保护这种宝贵的资源。一旦你读了这本书，我希望你能受到鼓舞，并愿意采取行动，拯救我们的土壤。

引　言

亲爱的总统先生： 1

我写这封信是要提醒您关注一场新出现的危机，这场危机正在威胁着覆盖美国和文明世界的土壤。您没看错，我们就是在谈土壤——英语称为“dirt”，西班牙语称为“suelo”，纳瓦霍语称为“Leezh”，希伯来语称为“adama”，匈牙利语称为“talaj”，斯瓦希里语称为“udongo”。

所有形式的生命赖以生存的表层肥沃土壤正在迅速被侵蚀。土壤是数千年来地壳在自然作用力下形成的产物。风化的地质材料与或死或活的植物、动物和微生物释放出的化学物质混合在一起，成为土壤的基本物质。水分渗透、空气填充、植物穿插、动物挖掘以及微生物一起促成了养分的循环。数千年来，土壤在这些过程的影响下逐渐变得复杂而深厚，逐步形成了肥沃的表层土壤，并给我们提供了 95% 的食物。[1]

土壤产生的深远影响已经超出了农业领域。所有生物都依赖土壤获取干净的水，事实上，土壤就是地球上最大的滤水器。土壤还是陆地上最大的碳储存库，其碳储量分别是地球大气和所有植物碳储量的 3 倍和 4 倍，土壤已经成为减缓气
2 候变化的强有力工具。[2] 作为地球上生物多样性最丰富的栖息地，土壤中包含的微生物也是传统和现代医药的来源。土壤还是一种具有复杂物理特性的物质，可以被烧制成砖块、路面和陶器用于生产和生活。

世界范围内，土壤都在受到威胁。土壤的侵蚀和退化，可能会随着气候变暖导致的暴雨频率的增加而加速。美国和其他多个国家目前的土壤侵蚀速度已经达到其发生速度的 10 ~ 100 倍。据估计，到 21 世纪末，美国坡耕地的土壤将大量流失，进而将严重影响作物产量。有些地区将很快成为不毛之地。事实上，来自艾奥瓦州农田的航拍照片显示，表层土壤下覆的岩石斑块已经在地表出露，而且频繁发生。[3]

因土壤侵蚀而导致的人类文明崩溃已经有了很久的历史。当陡峭山坡的土壤因侵蚀而流入海洋时，复活节岛失去了农

业生产能力，居民人数从14000人很快减少到2000人。[4] 类似的例子在中国、非洲和美国也比比皆是，当地居民过度耕作，导致土壤侵蚀，生产粮食的能力也随之降低。有充分的证据表明，美国大片农田正在沿着这一路径退化。这种趋势不能持续下去。如果继续下去，我们失去的土壤将给粮食生产带来前所未有的挑战。

好消息是，我们有足够的知识，通过小额短期投入让土
壤侵蚀减缓甚至暂停，并节省大量、长期的资金投入。免
耕种植、作物覆盖以及作物与深根草原植物套种构成了可 3
以防止侵蚀和重建土壤健康的技术体系。这些农作方法将增加土壤的碳储量，从而减少温室气体排放。2015年的巴黎气候大会提出了每年把全球土壤碳储量增加0.4%的建议。尽管该目标是理想的，但如果实现了该目标，将有足够的碳被封存，以补偿预计增加的碳排放，从而使大气中的碳保持在目前的水平。[5]

您的政府可以推行几项政策，从改变作物保险的计算方式到通过奖励农民保护土壤来恢复问责制，以鼓励农民采取土壤保护措施并增加土壤的碳储量。政府可以鼓励消费者与农民、环保组织、农用化学品公司、食品零售商和原住民合作，参与食品生产的“土壤安全”标识运动，并制定认证标准。

我给您提出了一个具有挑战性的难题，但也是一个可以很快解决的问题。我们所需要的是意志，而且我们不敢缺乏意志，否则我们的文明社会或将不可延续。

乔·汉德尔斯曼
科技政策办公室副主任
2016 年

这是我想发给奥巴马总统的备忘录。而这本书的其余部分是我想发给你们所有人的备忘录。

第一章

开　端

一场看不见的危机

我是怎么错过这个问题的？当 2015 年我迈入白宫办公室 4
的时候，这个问题始终缠绕着我。作为贝拉克·奥巴马总统的科学顾问和拥有 35 年土壤学研究经历的科学工作者，我的确已经错过了我们正面临危机这一事实。这个虽然多次被提起，但消失速度更快的事实就是，美国的土壤事实上可以消耗殆尽。

请允许我先倒点带。两年前，我接到了奥巴马总统的最高科学顾问、科技政策办公室主任约翰·霍尔德伦（John Holdren）的电话。他问我是否愿意加入白宫来管理办公室的科学部，起初我没有答应，因为我不愿意离开我在耶鲁大学的紧张繁忙的实验室，那里是我和我的本科生、研究生和博
士后探讨昆虫内脏、土壤以及植物中的微生物群落的地方。 5
但是约翰的才智和总统对科学的强烈的使命感战胜了我，我也因此同意承担这项工作。在经过美国联邦调查局（FBI）标准化但让人疲惫不堪的背景审查、关于如何回答参议院问题的速成班，以及参议院商业、科学和交通委员会让人惊讶的有趣的确认听证会之后，再加上长达 9 个月的等待遴选的时

间，我最终被参议院全会确认并宣誓担任科学部副主任。

在起誓当天，我就搬进了和白宫相邻的有 1000 多名职员的艾森豪威尔行政办公楼里的华丽办公室。我很快就发现，我可以使用 16 英亩的白宫综合设施。由于我很少对特勤局友好的秘书说晚安，也很少在天黑之前穿过安全门，所以这 16 英亩土地上内容丰富的美景就成了我连接自然的通道，并取代了根植于我整个成年生活的实地研究和园艺工作。宽敞的草坪是总统与外国领导人举行正式阅兵式的场所，是他与幕僚长一起散步并完成“我们需要讨论一个严肃问题”的地方，是他与第一女儿们在一场导致华盛顿停摆的暴风雪中即兴乘坐雪橇的地方。这个花园也成为我与土地和历史的连接点。当匆匆忙忙往返开会的时候，我想到了成千上万走过同样道路的白宫工作人员，也许还有以往总统的影子在我身边游荡。当我经过职员们曾争抢锄草特权的第一夫人的菜园时，我能闻到肥沃的泥土和堆肥的味道。我陶醉于五彩缤纷的整洁花园，在这里我从未见过一株病弱的植物。我还会向排列在白宫柱廊上的完美玫瑰花丛点头致意，它们见证了我最喜欢的活动（陪同总统从椭圆形办公室前往东厅）。

当我适应了我的新职位时，华丽办公室的墙壁上挂满了
6 卫星、望远镜、微生物和总统的照片，以及那些让我整天忙
碌的项目的纪念品。我的工作是用基于科学的政策来服务美

国人民，这将使我加强研究工作并促进世界发展。实际上，我所在部门的职责是为总统和管理与预算办公室（Office of Management and Budget）提供年度科学预算咨询，并管理监督望远镜和超级对撞机等主要科学仪器。成百上千的科学家拜访过我，他们对如何加强科学研究及其应用有着独到的见解。我曾前往国外讨论如何支持大型科学项目的国际计划，多次带领美国代表团参加七国集团（G7）、二十国集团（G20）和欧盟的科学部长会议。在日本的一次旅行中，我驾驶了充满未来感的电动汽车并和机器人对话，但真正激动人心（也很可怕）的瞬间是正在主持会议的部长突然转向我，问道："美国怎么想？"我有责任把白宫的立场传递给其他国家。

在奥巴马的行政班子里工作的确让人兴奋。我学到了很多有趣的知识，如寻找最小物质粒子和宇宙遥远区域的新星系、探索应对病毒感染性疾病的通用疫苗，以及保护维纳斯捕蝇草等。当然回报也异乎寻常。我看到总统在 2015 年的国情咨文中宣布，他打算实施精准医疗计划，这是我们科技政策办公室（OSTP）和几个联邦机构的同事共同制定的。多亏了白宫杰出的立法人员和国会对人类健康的坚定承诺，该倡议最终获得资金支持，并在参议院以 92 票对 8 票获得通过，这是两个政党合作的结果。

但也有悲伤和绝望的时刻，例如，当我们了解到埃博拉
和寨卡疫情时。但那时我们还心怀希望：毕竟我们是美国政
7 府，我们有能力来缓解痛苦并避免死亡，不是吗？当埃博
拉疫情在西非蔓延时，总统明确表示他期望这次暴发的疫情
能尽快消失。我花了几个月的时间在白宫局势研究室（the
Situation Room）参会；带着钦佩的感情看到美国部队 3 个
星期内就在利比亚各地建立了诊疗中心；组织 26 个联邦机构
的同事参加讨论会；见证了奥巴马总统的立法人员为获得国
会的财政支持所做的巨大努力；其间也有错误、争吵和失败；
会见那些挽救了数千人生命的勇敢的医护人员。然后，有一
天，利比亚宣布战胜了埃博拉病毒。我很自豪能在美国政府
促成这一目标的过程中做出过些许贡献。

当我对危机、来自总统的要求以及科技外交的需要做出回应之前，我会按照自己的科学日程工作。一个主要目标就是提高美国食品供应的盈利能力和可持续性。我在农业科学领域的职业经历告诉我，气候变化和经济转型正在给农民带来新的，有时甚至是无法忍受的压力。农业企业有两个非常迫切的需求。第一个需求是更多的植物育种者，我们需要科学家通过基因技术对那些濒临灭绝的植物进行选育从而提高作物产量。第二个需求是提升土壤质量以提高作物生产能力。第一个需求所面临的挑战主要是逐步扩大培训范围，而第二

个需求所面临的挑战我认为是需要进行一次创新性研究。

当我刷新了现代土壤科学的知识时，我发现研究与实践竟然是脱节的。近几十年来，土壤学家所发现的关于提高土壤质量的大部分成果，在美国 2/3 的土地上都没有得到应用，这也导致了一个潜在的问题：我们国家的土壤正在消失。那些被风和水带走的很大程度上不被看见的土壤像舰队一样正在横穿美国。土壤侵蚀在中西部地区的明尼苏达、艾奥瓦、 8
堪萨斯、阿肯色、密苏里和伊利诺伊等州尤为严重，那里每年都有数以吨计的表层土壤流入密西西比河并最终汇入墨西哥湾。[1]

这的确令人惊讶。我从 20 世纪 70 年代就开始研究土壤科学，并跟踪土壤侵蚀趋势，直到 1985 年国会通过《国家粮食安全法案》(National Food Security Act)，该法案催生了由美国农业部自然资源保护局（NRCS）开展的大规模土壤保护工作。据我所知，在随后的几年里，由于自然资源保护局的努力，遏制土壤侵蚀的工作取得了很大进展。在那之后，我专注于自己的土壤微生物学研究，放弃了对变化趋势的跟踪，而且假定土壤侵蚀问题已经得到解决。

土壤侵蚀问题让我轻易就忽略的原因是，1985 年以后国会不断削弱法案的措辞，甚至到了自然资源保护局几乎没有权力追究农民在土壤保护方面的责任的程度。直到 1992 年，遏制土壤侵蚀的行动进展已经非常缓慢。目前，美国土壤侵蚀速度比土壤发生速度快 10 ~ 100 倍。而其他国家的情况更为糟糕。

从业已发表的土壤侵蚀研究中的发现，让我深感惊骇。从知名土壤学家那里学到的知识，不但确认了我所产生的恐惧，而且警告我，现实情况比很多研究成果所说的还要糟糕。基于美国农业部（USDA）的数据，我和同事所做的预测就可以说明情况有多可怕。在美国中西部地区，21 世纪内大型拖拉机就可以清理掉所有表层土壤。当我们把气候变化模型预测的强降水的增加也考虑进去时，土壤侵蚀的速度将显著加快。艾奥瓦州立大学的农学家里克·克鲁斯（Rick Cruse）与我们分享了一张航拍照片，照片显示许多地方的表层土壤消失了，下层土壤已经出露。

我花了数月时间反复检查我的计算过程，校核参数，进
9 一步阅读科研成果，并向更多的专家咨询。只有当完全沉浸在科学中时，我才承认用“可怕”一词来描述土壤侵蚀并不是夸张。这一土壤侵蚀趋势足以在几十年内导致美国丰富的粮食产量降低，而且印度、非洲等区域相似的土壤快速流失现象也会加剧国际粮食危机。

当我在办公室里踱来踱去，并因以前的无知而沮丧时，我也在考虑下一步要怎么做。我需要告诉总统，我怎样做才

能成为负责任的顾问，并让这场灾难远离人类。拯救美国土壤可以成为奥巴马政府的遗产。

任何通知总统的过程都要从备忘录开始。我以前的多数备忘录都送至总统，其中一些通过总统办公室会议审定后，成为继续推进的议题并在考虑下一步如何实施，因此我乐观地觉得奥巴马总统会收到这份备忘录，并加以讨论，最终成为关于土壤保护的总统倡议。但是经过一年的等待，我终于被告知，在总统任期内启动一项新的重大倡议为时已晚。没能把这份备忘录交给总统先生，至今仍是我最大的遗憾，但我仍然可以采取行动，坚持写完这本书，并把有关这场危机的信息告诉世界各地的人们。

土壤危机是真实存在的，而且来势凶猛，并将最终影响到地球上的所有生物。在全球范围内，土壤侵蚀正在以不同的速率演进，但就同正在扩散的病毒一样，土壤侵蚀在所有地区都会发生，也不会只影响那些和它距离更近的人。土壤侵蚀将影响我们获取食物和药物，并将改变地球的气候。它将摧毁部分栖息地并扩展其他类型的栖息地，这将改变物种分布，导致一些物种的灭绝和另一些物种的激增。但土壤侵蚀是可以被遏制的，而且可以被很快地遏制。人类应该被我们能够扭转危机所固有的希望和内在力量激励。让我们学习更多的东西，这样我们就能有目标和团结一致的行动。

第二章

土壤的暗物质

我们用“土壤”的同义词“Earth”来命名地球并非巧合。 10
我们的世界比它的表面内容要丰富很多，但这层以矿物和生物分子构成的薄薄的棕色皮肤是一个决定性的特征，而且在已知的宇宙中是独一无二的，配得上我们星球的名字。如果它值得作为名字，那么土壤的故事从一开始就值得讲述。

早在任何土或土壤出现之前，地球就形成了。大爆炸理论是关于宇宙如何通过膨胀开始以及地球如何形成的最好解释。该理论认为，在开始时，宇宙的所有物质和能量都被压缩成了一个无限微小的点，这个点在137亿年前发生了爆炸，
就是我们现在所称的大爆炸。在最初时刻，宇宙很小，密度 11
很大，而且非常热，以至于粒子不可能形成。随着宇宙温度的下降，首先形成的是夸克和电子，其次是118种元素中最简单的氢原子——由一个质子和一个电子组成。当温度降至10亿摄氏度以下时，氢原子核融合产生氦。进一步冷却后，巨大的氢气和氦气云出现，我们称之为星云，在它们朦胧的深处，第一批星系和恒星爆发式形成。

经过数百万年，行星系统逐渐成熟。星云在引力和磁场作用下坍缩成原恒星，而后宇宙碎片不断积累、旋转并通过相撞形成岩石，原行星也最终成为行星。大约 45.5 亿年前，太阳系 8 颗行星中的一颗演变为地球。我们在花岗岩中发现了 44 亿年前的矿物质。由于花岗岩需要水才能形成，所以地质学家推断早在地球产生的 1.5 亿年前后，岩石和水就已经存在。[1] 水和岩石是土壤的两个关键要素，而第三个关键要素是生命。

最早的化石和岩石记录，将地球上生命的起源定在 34.8 亿 ~39.5 亿年前的某个时段，但实际上可能还要更早一些。[2] 生命可以被定义为一个能够自我改变和维持的化学系统。首先出现的类似地球生命的化学系统可能是自我复制的 RNA 分子（与 DNA 密切相关的单链核苷酸），其次是简单的单细胞生物，它们是细菌和古菌的祖先（生命有三个领域，这是其中两个）。这些早期的单细胞生物可能起源于海底沸腾的热液喷口。不过它们形成的过程仍然是个谜。

一旦生命出现，它就开始按照自然选择演化等过程而改变。种群包含了具有轻微遗传差异的个体。如果一个变异基
12 因被赋予了适应性优势，个体生存和繁殖的可能性就会提高，这种变异也将更为盛行，而适应性较差的变异体就会减少。

这一变化的过程是相互的——环境以选择压力对生命起作用，生命则通过改变地球的化学物质和大气层来改变它们所

处的环境。这两个过程已经持续了 30 多亿年。到目前为止，生命改变地球的最富戏剧性的例子是蓝藻产生的氧气，这导致了 24.5 亿年前的大氧化事件。[3] 这些光合细菌利用太阳的能量从大气中的二氧化碳中提取碳，把氧气作为废物释放出来。一旦海洋和其中的矿物质的氧气达到饱和状态，它就会在空气中积聚。随着蓝藻的蓬勃发展，越来越多的氧气被释放出来，使氧气浓度达到足以支持呼吸形式生命的水平。在自然选择演化中有个鲜明的例子，许多不能忍受氧气的厌氧物种灭绝了，这为能够代谢氧气的生命的出现奠定了基础。今天，几乎所有复杂的生物都需要氧气，这表明微生物在演化过程中影响了数百万物种的新陈代谢。

蓝藻细菌使平流层也发生了一个显著变化。随着氧气在大气中积累并扩散到平流层，其浓度足以推动臭氧层形成。来自太阳的紫外线可以将氧分子分解成两个氧原子，如果其中一个氧原子与氧分子发生碰撞，就会形成臭氧（O_3）。如果形成的臭氧足够多，就会形成过滤层，通过吸收足够多的太阳紫外线来保护地球上的生命免受致命辐射的伤害。这些事件为植物、动物和微生物的多样化发展和迁移到陆地提供了 13
平台，也为土壤的形成奠定了基础。

我们怎么知道数十亿年前发生了什么？科学的一个迷人

之处就在于我们如何从我们业已知道的东西中获得知识。我开始在一个实验范式（控制变量，进行实验，寻找结果）中进行科学实践。如果我们改变温度，细菌会做什么？如果我们去除一个基因，植物将如何运作？如果我们给患者服用这种药物，那他会康复吗？所有实验都包含了那些通过提供基线来进行对比的控制条件，以便我们测定控制变量所产生的影响。所有实验都要设置重复样本：我们不使用来自一个细菌、植物或人的结果，而是收集许多结果来确定在个体之间，或者在同一个体的不同时间里，这些有趣的变量对同一个体的影响差异。有对照的重复实验是我们定义科学的一部分，事件需要能被控制和可重复才有意义。因此，当我第一次开始了解地球及其土壤的形成时，我对只有一个地球这一挑战感到困惑。一个地球意味着没有重复。它的所有过程都发生在过去，这意味着没有对照实验来证明，在变化条件下地球是否会以同样的方式形成。这意味着在研究过去很长时间的事件时，科学家不能重复实验，甚至不能进行我在微生物实验室做的那种实验。行星科学涉及一种完全不同的认知方式。

我开始钦佩构建早期地球图景以及创造地球的力量方面所涉及的思维和推论。我通过举例来弄清楚岩石和水这两种土壤成分最早什么时候在地球上出现。威斯康星大学麦迪逊分校的地质学家约翰·瓦利（John Valley）彻底更改了其研究领域，

并在发现地球于44亿年前骤然冷却的证据时重写了教科书，将 14
大陆地壳和海洋外观的形成时间向前推进了4亿多年。

瓦利第一次走进缅因州南部的花岗岩采石场时只有4岁，当时的他带着一把小锤子和一副让他父亲发笑的坚定表情。每年夏天，他们都会从波士顿前往缅因州的采石场，在那里小约翰可以采集水晶，如果幸运的话还可以收获宝石。几十年后，他仍然喜欢石头。作为一名地质学家，瓦利说他一生中从来没有工作过一天，这意味着他永远不会退休。

瓦利研究锆石，一种被他用来为地球计时的矿物。锆石由锆硅酸盐（锆、硅和氧）构成。这三种元素及其结晶过程很常见，所以锆石在地壳中含量丰富。一旦锆石形成，它就会持续存在，即使遇到极端的高温和压力。当其宿主岩石被粉碎并在高温下熔化时，锆石的化学成分依然能保持完整。但是，保存着地球历史故事的并不是锆硅酸盐；相反，证据来自该分子捕获其他元素的倾向。这种奇妙的特性使科学家能够确定这种矿物的形成年代。在其形成过程中，锆石可以捕获放射性铀原子。随着时间的推移，铀原子衰变成比原子尺寸更大的元素——铅。由于铅原子太大而无法在锆石初始形成过程中被捕获，所以锆石晶体中的铅只能来自铀衰变。放射性衰变的速率是已知的，因此将铀与铅的比率转换为时间是一个简单的计算，纯铀表示最年轻的晶体，铅含量越高，表示晶体越老。使用这种方法，瓦利和他的同事们对一些非常古老的锆石进行了年代测定，发现它们是在 44 亿年前形成的。[4]

15 上面说的是岩石。土壤的第二个组成要素是水。最早的海洋（地球上最早的水体）是什么时候出现的？为了推断古代锆石的形成条件，瓦利的研究小组依靠同位素（原子核中中子数不同的元素变体）进行研究。在这种情况下，瓦利对同位素 ^{18}O 很感兴趣，它的原子核比 ^{16}O 多了两个中子。^{18}O 和 ^{16}O 都是稳定的，这意味着它们不会随着时间的推移衰变为其他同位素。锆石中 ^{18}O 与 ^{16}O 的比例是由晶体形成时的温度决定的，对于瓦利的锆石研究而言，更多的 ^{18}O 表示较低的温度。因此，同位素比率就像温度计一样，可以永久锁定温度读数。瓦利发现，在 40 亿 ~ 44 亿年前的锆石中，^{18}O 与 ^{16}O 的比例非常高，这表明它们是由在相对较低的温度下改变的岩石（可能在土壤中）形成的，然后在高温下熔化形成锆石。事实上，风化作用的温度低到足以出现液态水，因此，海洋的形成时间比一般认为的要早 4 亿多年。[5] 从少量岩石的锆石沙粒中得出的推论真是令人惊叹。

在仅仅 1.5 亿年的历史中，早期的地球已经提供了形成土壤的三种要素中的两种——岩石和水。生命是最后出现的要素。

2005 年以来，瓦利一直运用强大的工具和他敏锐的洞察

力，利用微化石来记录生命的起源。直到 1992 年，科学家们
还只能靠猜测认为生命大约有 20 亿年的历史，因为没有办法
直接追踪它。[6] 之后，古生物学家 J. 威廉·肖普夫（J. William
Schopf）发现了他所提出的地球上最古老生命埋藏在西澳大利
亚古代岩石中的证据。但该领域的许多人对他的主张持怀疑
态度，因为它仅仅是基于对微化石的视觉分析。像生命起源 16
这样重要的东西怎么能由形状、颜色和结构的细节来决定呢？
形态学观察固然很重要，但还不足以排除这些斑点是非生物
矿物的假设。

十年来，瓦利一直试图说服肖普夫分享他在一块拥有 34.65 亿年历史的岩石中发现的珍贵微化石，但关键样本一直在伦敦的一家博物馆里展出。当他最终获得样本时，瓦利通过一项庞大的化学分析，证明了具有不同形态的微化石在同位素含量上存在不同，这表明它们属于不同物种。该研究确定，这些微化石确实是生活在 34.65 亿年前的生物的残余物，而且这些生物最有可能生活在泥浆中或水下。[7]

因此，我们知道，在地球形成后的 10 亿年内，地球上已经充满了多样化的微生物群落，每个物种都有自己的代谢秘密，可以在竞争激烈的世界中茁壮成长。在绕太阳公转 10 亿次之后，地球已经发展出土壤形成所需的所有要素（见图 1）。

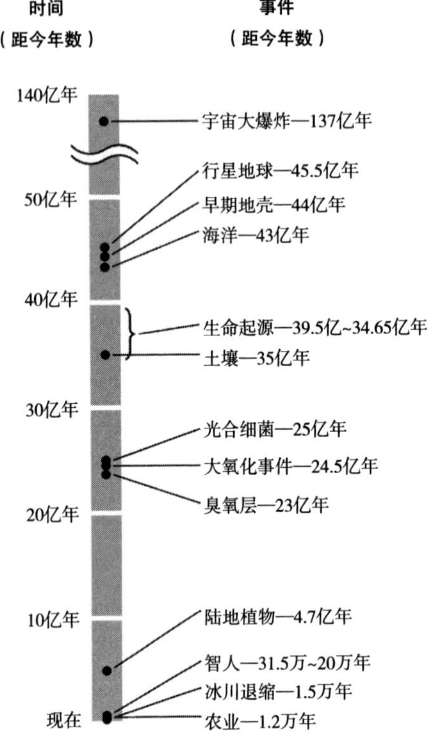

图 1　促成地球上土壤形成和利用的关键事件时间轴

插图：比尔·纳尔逊（Bill Nelson）

土壤形成经历了在气候和微生物活动驱动下的数千年过程。它从岩石开始。被土壤学家称为母岩的地质基础孕育了土壤，这是土壤的第一个决定性特征。岩石在热力、机械和化学过程的作用下风化。热量促使岩石膨胀和破裂。水分穿

透导致岩石裂缝，当温度降到零度以下时，液态水变为固态
冰发生膨胀，进一步促使岩石开裂。随后，植物根系以强大
的力量在岩石裂隙中穿插，进一步劈开岩石，使更多岩石表
面暴露在空气中。暴露可以导致岩石出现各种化学变化，一
些岩石，如石灰石，可以逐步在水中溶解；另一些岩石则会
和氧气以及附近岩石中的元素发生化学反应。失去或者得到 17
电子会改变元素的反应特性，对岩石表面的金属元素来说更
是如此。风化过程会把岩石变成更小的碎片，当颜色和结构
发生变化，化学特性也随之改变。

这些过程大多受天气的控制。天气通过把母岩暴露在不
断变化的水和温度条件下来塑造土壤。随着时间的推移，岩
石破碎成类似无机土壤的东西。我们习惯上把超过 50 年或
100 年的天气事件的总体特征称为气候。在温室和冰屋之间转
换的地球气候，也驱动着冰川的行为。当它们在大陆间不可 18
阻挡地前进和后退时，巨大的冰川不断切割山谷和粉碎岩石。
如果说一阵风就能移动土壤的话，那么抬升巨石并在数百万
年的时间里沿着地球表面研磨巨石并留下鹅卵石痕迹的工程，
就需要由冰川来完成。

岩石变化的速度不同。从地质学角度看，当水资源充沛时，石灰石溶解的速度很快，而作为最坚硬和最不容易渗透的地质材料之一，石英通常可以保留到最后。也就是说，由

不同母岩构成的土壤，其形成和侵蚀的速度也有所不同。

每一抔土壤都讲述着一段故事，每一段故事都和矿物成分有关。以二氧化硅为例，它是地球表面最丰富的物质。它非凡的特性使其既是地壳（砂岩）的基岩，也是现代科技的主力。二氧化硅作为一种化学物质，可以在海滩、沙漠中找到，也是土壤的关键成分。公元前 6500 年前后，古贝都因人发现，当他们将沙子、石灰和水混合在一起时，会产生一种可塑的混合物，这种混合物可以硬化作为建筑材料，其坚固程度与现代混凝土类似。罗马人进一步完善了这种方法，建造了如万神殿和罗马大竞技场这样近乎坚不可摧的建筑，至今它们仍屹立不倒。[8]

公元前 4000 ~前 3500 年，古埃及人和美索不达米亚人发现，在高温下熔化的沙子，冷却后会硬化成一种我们称为玻璃的美丽而有用的物质。[9] 千百年来，人们一直着迷于玻璃的特性，并通过添加矿物质来改变它的特性，使其在用于窗户时清晰透明，用于艺术时多彩绚烂。在过去的两个世纪里，人们发现沙子可以加固柏油路，并开始大规模铺设，导致世界上的沙子面临耗尽的威胁。如果考虑到地球上大量沙漠的存在，这种顾虑听起来会很荒谬，但实际上只有存在棱角的
19 沙子才能用作建筑材料，而沙漠中的沙子经过数千年的风吹日晒已经被打磨得太过光滑。最有名的是，二氧化硅已成为

一种令人垂涎的生产计算机芯片的矿物质，这也是旧金山附近的计算机产业集群被称为硅谷的原因。

鉴于二氧化硅所有这些令人印象深刻的特性，它成为许多土壤的关键成分就不足为奇了。沙粒是土壤中最大的矿物颗粒，其造就的空隙使空气和水得以自由流动。土壤中最小的颗粒是黏土，它可以和细菌一样细小，并且通常由内部吸附了水分的硅酸盐矿物质组成。这些硅酸盐会和金属混合，并且通过与水、氧气反应而发生变化。一些金属成分，通常是铝和铁创造了与黏土相关的系列颜色——从美国玛莎葡萄园岛（Martha's Vineyard）的红色悬崖到新西兰奥马拉马（Omarama）的棕褐色峭壁。

土壤里中等大小的颗粒叫粉沙。每个粉沙颗粒都来自地壳以下熔融物质冷却后产生的石英和长石的混合物。粉沙颗粒还含有与钾、钠或钙结合的铝硅基化合物。这些矿物质被固定在岩石上，而岩石逐渐在水和冰的作用下风化。流动的水会冲走岩石，它们在水中被搬运的过程中，碎片剥落，刮擦河床，并相互研磨，直到被磨损成粉沙颗粒。

在该矿物质的基础构成中，微生物形成一座大都市，它们在难以想象的近距离内相互合作并争夺资源。据估计，全世界有 3×10^{29} 种细菌生活在土壤中，相当于一茶匙土壤中就有数十亿个细菌，一公顷土壤中的细菌重量约与 5 头奶牛的重量相当。[10] 就像蓝藻所证明的微生物可以大规模改变地球大气层一样，土壤化学也证明了地下微生物的深远影响。与那些为地球表面大气充氧的细菌相关的细菌在今天仍可以发挥碳固
20 定的作用，从大气中移除二氧化碳用于自身生活，并且支持其他土壤生物的生存。

微生物始终持续有力地参与矿物风化过程，加速自然的化学反应并把自身的化学物质应用于整个过程。例如，某些细菌通过分泌酸性物质来分解矿物，从而作为自身的营养成分；还有些细菌可以分泌能够从地质物质中置换金属离子的螯合剂。这些化学过程最终可以在土壤剖面中形成多米厚的、明显的不同层次。对土壤和植物健康具有特别重要意义的是，细菌可以把大气中四氧化二氮这种生物学上的惰性分子转化为一种可以被植物利用的氨。这种固氮细菌为早期生态系统提供了主要的氮源，使得植物可以在陆地上生存和繁殖。

目前陆生植物是地球上最丰富的生命形式，其固碳总量可达 4500 亿吨。我们几乎不能想象没有植物的地球会是什么样子。它们是土壤的管家，为土壤产生、塑造和养分形成提供帮助。但植物从水生环境到陆生环境这一翻天覆地的演变并非易事。随着这些存活能力极强的生命开始在风化的岩石中生长，该生态系统在很多不同组分的贡献下开始发育。细菌为植物提供可用的氮素和其他营养元素，植物固定的碳可

以为岩石基质上的微生物和大型有机物提供营养。植物根系把通过光合作用固定的 20% ~ 40% 的碳输入土壤，成为最初的土壤碳供应者，这也反过来促进土壤成为地球上生物多样性最丰富的栖息地。[11]

至少 4.7 亿年前，自第一次从海洋迁移到陆地开始，植物改造土壤便开始了，而且每次岩石与植物相遇，这种改变都会继续。很幸运，我于 1985 年在俄勒冈州科瓦利斯市亲眼看到了这个过程。会议组织者安排了一次前往圣海伦火山的科 21
学旅行，那里最近发生过火山喷发。1980 年 5 月 18 日，地球内部压力导致岩浆喷发到地表，在山坡形成隆起，这次火山爆发的能量与 1600 枚广岛原子弹爆炸的能量相当。我从新闻中看到了圣海伦火山爆发的画面，由于火山爆发的影响扩大到周边几百公里范围，约有 5.2 亿吨的火山灰喷发出来，其喷射高度超过 2.4 万米，进入了大气平流层，形成遮天蔽日的景象，因此在报道中出现正午时分天空阴森恐怖的景象。有毒的火山气体导致 57 人和数千只动物死亡。[12] 火山灰阻断了航空运输，堵塞了水路通道和农业机械，并威胁到简单的呼吸行为。在随后的两个星期，火山灰就环绕了整个地球，制造了惊人的环球日落景观，这强烈地提醒人们，爆炸性的能量一直在地球表面以下徘徊。

当我 1985 年参观这座火山时，熔岩已经硬化成类似月球的景观，并延伸到一个看似无底的陨石坑。当我们团队经过陨石坑边缘时，我们的向导指向一株生长在熔岩中的幼小、孤单的植物，那些学究气的细菌学家围过去审视，他们关注的不是我们所站立火山口的贫瘠的雄伟景象，而是这株植物，并且意识到我们正在亲身经历我们自己研究的科学的运作。这株弱小的先锋是豆科植物，因其根系上寄生着可以固氮的细菌而显得很有生命力。如果没有固氮细菌，植物就不能在缺少氮素的火山岩中生长。因为这种植物的存在，火山岩将风化和破碎，更多的细菌也将得以生长，而且更为丰富多样的植物和微小的动物也将陆续加入这一阵营。当这些植物、动物和细菌死亡后，其他微生物将分解这些残体，经过缓慢的、一代又一代的演化，一个被称为土壤的生态系统就形成了。

22 在随后的考察中，我们大多处于沉默状态，沉浸在对生命恢复力的敬畏之中，也沉浸在对火山喷发与通过死亡创造新种群这一无限循环的敬畏之中。当准备离开时，我们还遇到了一只在陨石坑边缘徘徊的地松鼠。

不同大小体形的动物——从微小的蚯蚓到穴居的獾，在土壤的形成中都扮演着非常重要的角色。在地球表面之下，无数的土壤栖息地庇护着世界上约 25% 的被记录的物种，为生物多样性提供了重要的生物库，进而形成了丰富的生态系统功能。1平方米的土壤内有超过150条蚯蚓个体，1公顷土壤中富集的生物量会超过1500千克，大概相当于2头奶牛的重量。[13] 小型昆虫也在地下栖居，如果不长期居住，它们也会在地表和土壤中流动迁徙。瓢虫是土壤的临时住户，只有当其冬眠的时候才会入住土壤“旅馆”。有些飞蛾幼虫只有在白天居住在土壤中，月亮出来后会离开土壤取食植物。很多哺乳类动物在土壤中穴居是为了更好地觅食和得到庇护。所有土壤中的居民，都通过固结土壤颗粒或修建空气和水分通道来改造土壤。

自诞生以来，土壤一直是地球不断赠予的礼物。矿物质在水、微生物、植物和动物的综合作用下形成混合基质。水把颗粒和生物体向下游输送。植物可以发育成为据点，它们会分离出多糖（长且坚韧的糖链）、蛋白质和DNA，这些物质结合成黏稠的黏液，可以把土壤颗粒束缚成团聚体或土块，成为相对稳定的整体，为微生物提供居所。微生物把矿物质转化为不同化学状态，让氮、磷、镁等营养元素更容易或者更难被植物吸收。随着植物、动物和微生物的死亡，它们的残体会被真菌和细菌分解，这些真菌和细菌将大分子转化为 23
可作为食物的小分子，为其合成自身细胞所需的化学物质提供能量，促进土壤结构和丰富性的形成。

作为地球表面最复杂的栖息地，土壤拥有所有其他资源无法比拟的神秘和力量。没有植物或动物、石油或煤矿、瀑布或高山具有和土壤一样的生命力和复杂性。世界上很少有什么东西能像土壤一样隐藏在视线之外，在本质上如此谦卑，或者被那些依赖它生存的生命视为理所当然。而且在学习过程中很少有东西具有如此大的挑战性。因此，土壤是我们星球的暗物质。

第三章

土壤工程

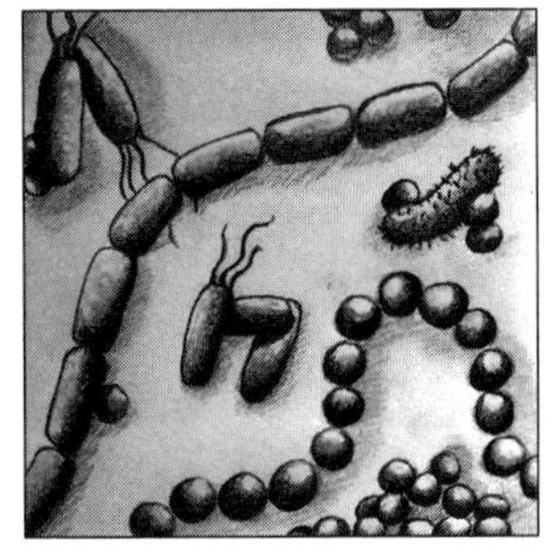

雨后春日走在户外，深吸一口气，你很有可能会闻到泥 24
土的味道。这种从土壤中散发出来的浓郁气味就是土臭，其希腊语“geosmin”的字面意思是泥土气味。土臭素是一种由土壤滋生细菌释放的化学物质，它的成分非常丰富，可以为辛勤劳作的微生物提供养分，而这些微生物为我们创造了食物、水、燃料、建筑材料和药品（见图2）。

土壤是许多生物、化学和物理过程发生的场所，可以提供多种多样的生态系统服务。从生物学的角度来看，土壤使植物和微生物得以茁壮成长，使食物、燃料、饲料、纤维和
药品的生产成为可能。从化学的角度来看，土壤是一个过滤 25
器，可以捕获和排放那些穿过它的有益和有毒的化学物质。

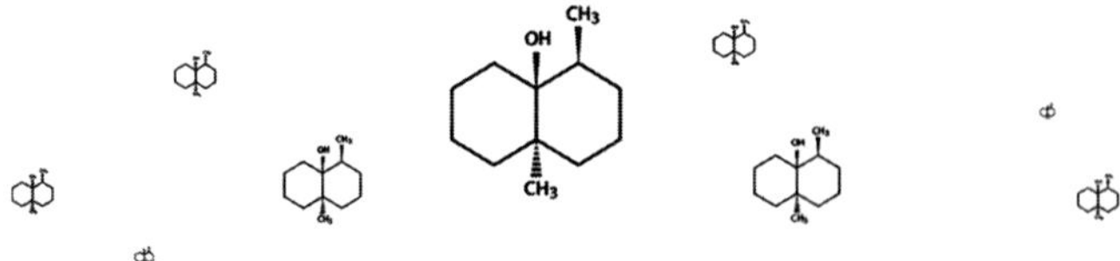

图2　土臭素结构

插图：比尔·纳尔逊

从物理学的角度来看，土壤为植物提供结构支撑，同时调节向下的水流。地球上的居民在土壤上完成了无数的任务，也许这就是它在人类历史上如此受尊敬的原因。

大多数多神教有一个代表土壤的神。在希腊神话中，大地女神得墨忒耳（Demeter）承诺，如果人们妥善管理他们的土地，就会获得大丰收。在印度教的万神殿中，地球被拟人化为女神布德维（Bhudevi）。在犹太教和基督教神学中，土壤并没有被提升到神圣的地位，但土壤和人类生活之间的关系是基础性的。《旧约》所描述的第一个人亚当，是由地球的尘土创造的。亚当这个名字便来自希伯来语中的土壤“adama”。同样，《古兰经》讲述了真主阿拉用黏土造人的故事，并287次用“土壤”这个词来描述沉积物、土地和宇宙。[1]

1912年，乌鸦印第安人柯利（Curley）解释了他拒绝向政府出售更多土地的原因。他用泥土照亮了其部落的古老纽带：你看到的土壤不是普通的土壤，它是我们祖先的血、肉和骨头的尘埃……这土地是我的血，也是我的尸骨；它是神圣的；我不想放弃其中的任何一部分。[2] 柯利与美国政府就土
26 壤问题进行沟通的努力，是许多土著民族与工业化国家之间理解分歧的典型，这些国家中很少有人对土壤保持敬畏。工业化和粮食生产的集中化使得人们很容易生活在远离食物来源的地方，并将土壤视为污秽之物，这个单词源于古斯堪的

纳维亚语“drit”，是粪便的意思。这个单词意味着肮脏、腐败、淫秽、八卦、毫无价值。有些人是这样称呼地球表层这一宝藏的：它是赋予我们生命的迷宫般的栖息地，为我们提供食物，改善我们的水供应，增强了我们抵御疾病的能力，并储存了大量的碳。这是土壤！

就像大氧化事件永远地改变了地球的面貌一样，智人从狩猎采集者到农学家的转变也同样如此。这种转变大约出现在 12000 年前，但在此之前土壤就已经通过数百万年的自然过程形成了。[3] 在一小块土地上生长的东西，要么是该地区的原生生物，要么是被风、水或动物传播引进来的。几千年来，土壤承载着地球的大部分历史：它是无数植物的诞生地，也是所有那些曾经令人印象深刻、现已灭绝的陆生动物永久的葬身之所。

在 500 万 ~ 700 万年前，早期古人类分布在非洲各地，具有丰富的多样性。200 万年前，当古人类离开非洲前往欧亚大陆时，他们就已经把自己与其他古人类的类群区分开来。在 20 万 ~ 31.5 万年前，智人出现了。直到今天，我们还不清楚，为什么我们遇到了和其他 8 个业已灭绝的人类物种相同的考验，而我们却幸免于难。我们知道石器的使用早于人类的出现，也许正是灵巧的手使我们得以开发和使用技术，从

而带给我们演化上的优势。不管转动手腕和负重的习性是否
27 有助于人类的生存，但它肯定有助于我们在几千年后从事农业活动，这与人口从 1 万年前的 800 万到如今的近 80 亿①的急剧增长相对应。[4]

农业是一种专门活动，通过这一活动，人类和其他一些动物（如蚂蚁）管理和利用着作为食物的有机体。尽管一些考古学家认为大约 2.3 万年前采集野生谷物构成了原始农业，但更普遍的认识是约 1.1 万年前，即最后一次冰川期过后的温暖时期，农业才正式开始。[5] 随着气候的变化，多种多样的植物开始传播，而智人发现了从野生植物中收集种子作为下一季作物的做法。早期农民通过去除与作物有竞争关系的植物来提高产量。他们还通过选择有利的性状，如更大的种子来改善植物的遗传性。

随着农业的发展，首先出现了定居点，接着出现了村庄和城市。人们开始聚集在一起生活，这最终促成了职业、艺术和休闲阶层的多样化。农业还促进了传染病在人、牲畜和作物间的传播，许多同一物种的个体彼此生活在一起，这使得病原体很容易从一个宿主跳到另一个宿主。疾病，再加上变幻莫测的天气，导致食物供给的充裕程度不断波动，使食

---

① 本书写于 2021 年，联合国在 2022 年 11 月 15 日宣布世界人口超过 80 亿。

物总是在丰饶之后出现匮乏。农业养育了不断增长的人口，为开发土壤创造了动机。多个古老（和不那么古老）文明崩溃的原因就是土壤退化。土壤被耕犁撕碎，因耕种而耗竭，越来越容易受到风蚀和水蚀的影响。农业导致了当今土壤侵蚀危机的最核心悖论：农业在导致土壤被滥用的同时，又可以提高人们对土壤价值的认识。

土壤为人类提供了 95% 的食物。[6] 在我们食物链的底层，28
植物利用来自阳光的能量完成光合作用，这个过程将大气中的二氧化碳转化为糖。土壤为植物提供水、硫、钾、镁、钙、铁、磷以及光合作用和生长所需的其他营养物质。当营养物质沿着食物链传递时，生物体继承了构建生物分子所需的元素。

正如我在圣海伦火山口所观察到的，豆科植物通常是最先在贫瘠的岩石上定居的。这种开拓性定居发生的主要原因是环境中的大部分植物和动物无法获得氮素，而与豆科植物有关的固氮细菌可以获得。尽管空气中约 78% 是氮气，但很少有生物能利用气态形式的氮。然而，所有生物都需要氮来构建生命分子。把惰性氮转化为植物可以利用的形式只有三个过程。第一种是雷电，即利用从空中到地面的闪电，其能量之大足以在全球范围内每年杀死数千人。[7] 这个过程提供了一种分解氮原子所需的巨大能量。但在生物系统中，闪电产生的氮只占一小部分。某些细菌可以直接接触氮气中的原子——两个氮原子通过三个共价键连接，这是自然界中最强的键之一。

$$N \equiv N + 3H_2 \rightarrow 2NH_3$$

数千年来，农民依靠固氮细菌释放出来的氮原子及其生成的氨（NH_3）和其他含氮分子进行生产。其中根瘤菌尤其有用，这是一种寄生在豌豆、苜蓿和大豆等豆科植物根部，可
29 以固定氮的细菌。这些植物因为有固氮共生体，所以有助于土壤健康。几个世纪以来，农民一直把豆科作物的残留物犁入土壤，从而把氮素传递给随后种植的水稻、小麦、玉米和土豆等非豆科作物。据历史记载，在古罗马时期，人们会把种过豌豆的土壤转移到新形成的土壤中，在不知不觉中实现了根瘤菌的转移。[8]

直到 20 世纪，闪电和固氮细菌仍是地球上生命的唯一氮源。这是值得我们深思的事。地球上每一种生物的每一个氮原子——存在于矮牵牛花、巨杉、恐龙、蚊子、牛和人类的每一个个体之中，都来自被固氮细菌（也有很少一部分来自闪电）分解的二氮分子。单从这点看，难道土壤细菌不应该因

此得到一些尊重吗？

20 世纪初，德国科学家弗里茨·哈伯（Fritz Haber）发现了一种将氮气转化为氨的方法，重新定义了氮和农业之间的关系。在寻找制造爆炸物和用于战争的氮芥的方法时，哈伯发现氮的三键在高温高压下会断裂。但直到另一位德国科学家卡尔·博世（Carl Bosch）开发出一种催化剂，将氨生产效率提高到工业标准后，这一发现才具备了商业上的可行性。他们的共同研究构成了哈伯－博世合成氨法，至今仍被用于生产氮肥。哈伯和博世也因其对人类生活的深远影响而获得了诺贝尔化学奖。以杀人为目的的研究竟然促进了服务人的粮食生产，这的确充满了讽刺意味。

随着采用哈伯－博世合成氨法制备的氮肥在农业中的普遍应用，作物产量提高了 30% ~ 50%。[9] 这些化学肥料为 20
世纪 60 年代的绿色革命奠定了基础，低产农业系统也通过培 30
育升级为高产作物系统。高氮条件下培育的植物能够获得更高的产量。不幸的是，这一成就也致使未来的农业依赖氮肥，进而依赖化石燃料，因为化石燃料为分裂氮气中的三键提供了能量。但令人惊讶的是，固氮细菌在分裂著名的三键时，并不需要类似化石燃料所提供的能量。它们在标准温度和压力下进行反应，而哈伯－博世合成氨法要求温度高于 200℃，压力比标准压力高出数百倍。从这个角度看，土壤细菌也应该获得一些尊重吧。

我花了很长时间才找到这些便于携带的固氮剂。在我研究它们之前，我仔细观察了各种各样的小生物。我想这一切都始于七年级的科学课，当时我第一次使用了显微镜。我永远不会忘记当时目不转睛地盯着草履虫，这些可爱的单细胞生物狼吞虎咽地吃着胭脂红的晶体，纤毛齐刷刷地摆动着，把深红色的碎片扫进嘴里。这导致我下一节课迟到了，但我并不介意。我从未想过要离开显微镜这个新朋友。我感到自己得到了大自然的信任，因为在科学课上我很幸运地听到一个天大的秘密。

我知道我必须进一步了解这些显微镜的秘密，我把自己的零花钱存起来，终于买到了一台老式的莱兹显微镜。没有人知道它是如何从 20 世纪 30 年代的德国医院转移到纽约一个空气污浊的仓库，最后到了一个渴望看到微小事物的 12 岁女孩手中。在接下来的四年里，我把大部分空闲时间花在了用莱兹显微镜观察从池塘水到维生素 C 晶体的所有东西。我既对老式显微镜的经典黄铜旋钮和有划痕的黑色机身着迷，
31 也喜欢它带给我的新世界。多年后，当我筹建自己的实验室时，我需要为研究小组选择一台新的现代显微镜，我很自然地选择了莱兹制造。

作为一名大学生，我学习植物，但在上土壤科学课学习固氮细菌时，我又经历了一个令人心跳停止的兴奋时刻。当教授描述根瘤菌如何感染豆科植物的根部，诱导形成被称为结节的小器官，然后将氮固定并输送给寄主植物时，我再次觉得自己好像看到了看不见的东西。但这个观点时常被所在主体的大小和它们所处的不透明的、神秘的栖息地土壤所掩盖。

尽管我对根瘤菌很着迷，但我进入研究生院后还是打算研究植物。有一间实验室完全吸引了我，因为那里有一位富有创造力和鼓舞人心的领导者温斯顿·布里尔（Winston Brill），以及他对固氮细菌的研究。我开始学习微生物学。有一次，我终于得到了来自细菌的强烈而清晰的信号：它们低语着要我去研究它们，示意我不要再研究植物。从那以后，我的注意力再也没有离开过微生物。在我的细菌世界之旅中，植物成了偶尔光临的游客，在那里，我探索着这些生活在视野之外、土壤里或树根上的最微小生物体的秘密。我认为草履虫和固氮细菌让我终生都对微生物充满了好奇。

土壤是一个熙熙攘攘的市场，所有的消费者——有生命的和无生命的，在这里交换营养。正是在这个市场中，全球碳和氮经济得到了很大程度的管理。正如微生物过程中经常发

生的那样，有着全球影响的经济是在极微小的空间尺度上被支配的。碳和氮被循环管理，元素被反复转化成不同的分子，
32 直到最终恢复到原始状态。地球一直在循环利用 45 亿年前积累的原子，只在外层空间或放射性衰变过程中损失了一小部分。地球上的大部分物质最终会经过土壤这一市场，在新旧交替之中被一块一块地分解。

由于土壤对气候和农业的影响，它在碳循环中的复杂作用在今天仍令人产生兴趣。碳捕获的过程从植物开始。它们利用通过光合作用固定的碳来完成产生能量和繁殖所需的所有细胞运转。一些碳被纳入长而硬的纤维素和木质素的聚合物中，实现植物挺立和抵御入侵者的防御功能。植物还有一个显著习性，它们进行非常昂贵的光合作用过程，然后把多达 1/3 的固定碳输送到根系周围的土壤中。[10]

根际是根系周围的区域，是微生物的群居场所。根部分泌产生的各种化学物质将这片富饶的土地与其他相对贫瘠的土地区分开来。细菌在根部游动，贪婪地吞噬美味。一些细菌附着在根上，使它看起来像一根带刺的中世纪狼牙棒，排队品尝其宿主分泌的美味。然后，它们把这些食物转化为胶水，将小颗粒黏在一起，形成团聚体和土块，这是健康土壤结构的典型特征。[11] 根际微生物在根部周围形成方阵，保护根部免于被不受欢迎的入侵者和病原体侵袭，并成为它们的食

物。植物为它们的微生物居住者源源不断地提供营养，而微生物居住者则通过构建土壤结构和武装宿主以抵御掠夺者的方式进行回报。

不只有细菌可以用植物的碳来交换其他营养物质。例如，真菌菌根已经与植物合作了4亿年。如今，92%的植物家族已与土壤中数千种菌根中的一种形成了密切联系。真 33
菌首先感染根部，然后在根部周围形成模糊的菌丝基质，吸收养分。真菌菌丝是长而细的细胞管，延伸到周围的土壤中，在那里它们溶解磷和其他植物无法获得的营养物质。这种共生关系减少了植物对磷肥的需求。随着全球磷矿供应的减少，作为农业改良剂的磷肥在未来几十年内可能会越来越少。[12]

当土壤群落中的植物、动物和微生物成员因疾病、季节循环、营养限制或衰老而死亡时，微生物会分解它们的遗骸，将复杂的分子还原为更简单的成分，以便能被重新利用。真菌尤其具有强大的降解能力，它能够撬开纤维素和木质素的聚合物。这种聚合物非常坚韧，很少有生物能够降解它们，在人类饮食中它们被认为是不可消化的纤维。

随着时间的推移，分解出的生物物质会变成有机质，这种有机成分可以让肥沃和贫瘠的土壤界线分明。有机质在积累的同时，保持营养和水分的能力就会得到改善，从而提高土壤的抗侵蚀和抗压实能力。随着土壤有机质含量的提高，生物多样性也就越丰富，从而减少植物病害。有机质可以给上层土壤施加一种黑色或深棕色的色素，和赋予人类皮肤颜色的色素类似，而这些色素就是在土壤微生物和昆虫分解过程中释放出来的。随着有机质的增加，色素也会增加，并使土壤颜色变深，因此黑土成为肥沃土壤的代名词。

土壤有机质提供了地球上最大的碳储量，从而使整个地球受益。据估计，世界各地的土壤固碳量约为 25000 亿
34 吨，超过了自 1750 年和工业化开始以来人类活动释放的碳的总量。[13] 因此，土壤管理对粮食安全和气候调节都具有全球性影响（见图 3）。这是一项庄严的责任。

当雨滴落在土壤上时，它们会分散，但不会停留。许多水分子会与土壤物质结合，或被植物根系和土壤孔隙吸收。其他分子屈服于重力，经过蜿蜒曲折的路径，穿过沙石、粉沙、黏土、有机质、砾石和基岩，最后进入地下水或含水层，流遍大陆地壳的多孔岩层。

地下水约占淡水资源的 75%，提供了约 40% 的灌溉用水和至少 50% 的饮用水。尽管淡水占地球表面水的比例不到 1%（大部分是高盐海水），但地下水却能满足 25 亿人的日常需求，这真是不可思议。在印度，大约有 7 亿人依赖地下水生存，是

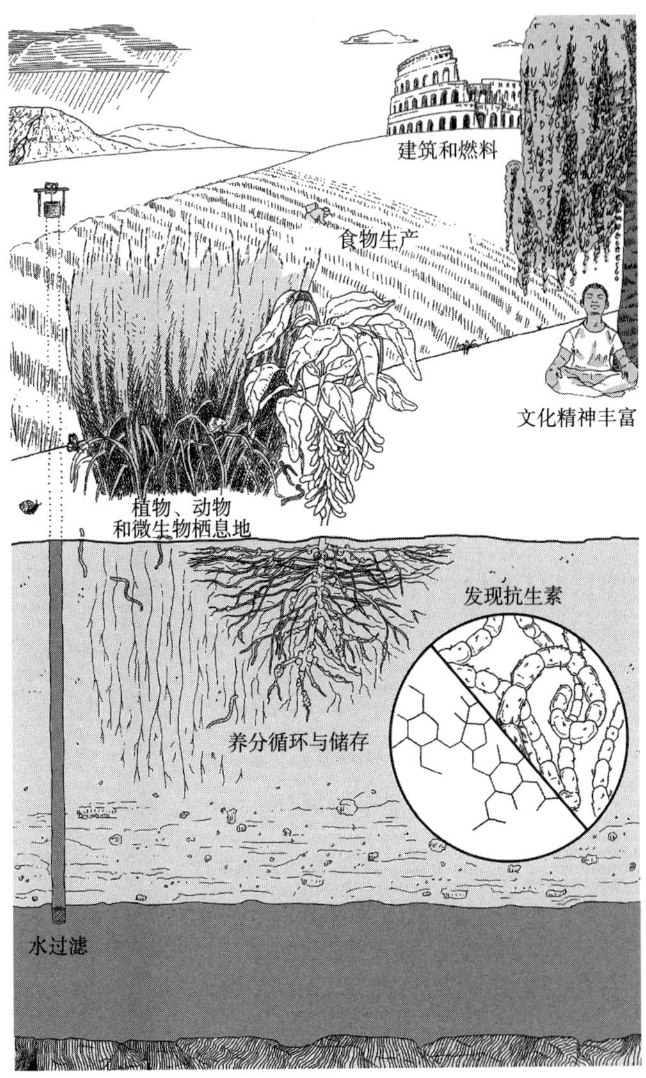

图 3　土壤提供的各种重要服务

插图：索菲·沃尔夫森（Sophie Wolfson）

世界上最主要的使用地下水的国家，也是一个过度抽取井水而引发缺水危机的国家。印度、中国、孟加拉国、尼泊尔和巴基斯坦使用的地下水约占全球的 50%。这些国家不断增加的用水需求导致整个亚太地区陷入水资源耗竭危机。在加拿大和美国，大约 1/3 居民的公共饮用水是由水井系统提供的，而土壤承担其主要（有时也是唯一）的过滤功能。[14]

水过滤可能是土壤最被忽视的功能。那些从不在泥坑里喝水的人，却很高兴地喝着从泥坑深处抽出来的地下水。那么，在水坑和地下水之间发生了什么？生物和化学污染物被土壤清除了。一些化学物质会附着在土壤颗粒上，而另一些
36 则会被土壤微生物降解。总的来说，土壤微生物群落具有无与伦比的代谢技巧，因为每种微生物都被赋予了不同的代谢功能。其中一些组分正在分解除草剂，另一些则以化学家梦寐以求的敏捷性吞食药类化合物。

这种精湛技艺在汽油的降解中最为出色。全世界有数以百万计的地下汽油储罐，而且大多数在泄漏。对于人类来说，这是一个问题。对于微生物来说，这简直就是一次野餐。成群的微生物把汽油撕成碎片，并把这些碎片用于自己的生长和繁殖。如果这些微生物群落消失了，许多人将饮用掺有汽油的地下水。[15]

但土壤在净化水方面的功能并不完美。一般来说，在陆

地上扩散的化学物质越多，底层微生物要跟上净化节奏的挑战就越大，而一些有毒分子渗入地下水的可能性就越大。当水通过时，土壤和岩石甚至也会在水中加入污染物，所溶解的矿物质也会被水带到下游地区。当地下水被抽送到地表时，可以通过硫化氢的气味、氧化铁留下的污渍、磷酸钙的水垢和氯化盐的味道来检测污染物。

另外，土壤在过滤病原体方面的表现也非常出色，这就是为什么粪肥通常被认为是一种安全的肥料。在经过粪肥处理的土地上，发现了大量对人类有害却对农场动物宿主无害的微生物，但它们大多数不会进入地下水。有些病原体由于无法忍受温度、盐分或酸性而在土壤中死亡，而另一些则被竞争中的土壤微生物吃掉或杀死。有时病原体在从土壤表面进入地下水的途中会越过障碍物，引起疾病暴发。这类事件虽然罕见，但正在增加，部分原因是粪便导致的井水污染。 37
我们以军团菌为例。2016 年路易斯安那州发生极端洪水事件后，地下水中开始出现军团菌。随着全球人口以每年 8000 万的数量增长，淡水的价值怎么估算都不过分，而且土壤作为世界上最大净水器的作用也不应被忽视。[16]

几千年来，人类一直依赖土壤微生物，却并不了解它们。看到这些不可见生物的方法层出不穷。17 世纪，安东尼・范・列文虎克（Antonie van Leeuwenhoek）发明了一种能够看到细菌的透镜。19 世纪，罗伯特・科赫（Robert Koch）在固体培养基上培养细菌，允许单一物种的纯菌培养生长。一个世纪以来，大多数微生物的发现都是通过显微镜和培养实现的，诺曼・佩斯（Norman Pace）发现了一种探究未经培养的微生物世界的方法。令许多微生物学家惊讶的是，许多细菌并不能在标准培养基上生长，而被认为是无菌环境的地方可能充满了微生物。微生物群落被认为是简单的，结果却藏匿着成千上万个以前不为人知的物种。土壤提供了丰富的资源，其中只有不到 1% 的细菌是可以被培养的，而不可培养细菌的种类数量则达到了惊人的程度。[17]

佩斯的方法是基于卡尔・乌斯（Carl Woese）的发现，即分子方法为研究演化关系打开了一个新窗口，从而构建了指导生物学的“生命之树”。现代生命之树将生命分为三个领域范围：细菌、古菌和真核生物。细菌和古菌起源于大约 35 亿年前的共同祖先，古菌和真核生物后来也出现分化（见图 4）。尽管细菌和古菌看起来很相似（都是显微镜下的单细胞生物，
38 不含细胞核或其他细胞器），但令人惊讶的是，古菌与真核生物（即所谓的含细胞核的高等生物）关系更为密切。

从生命之树中一眼就能看出，绝大多数生命是微生物。所有的古菌和细菌，以及大多数真核生物，属于单细胞生物。

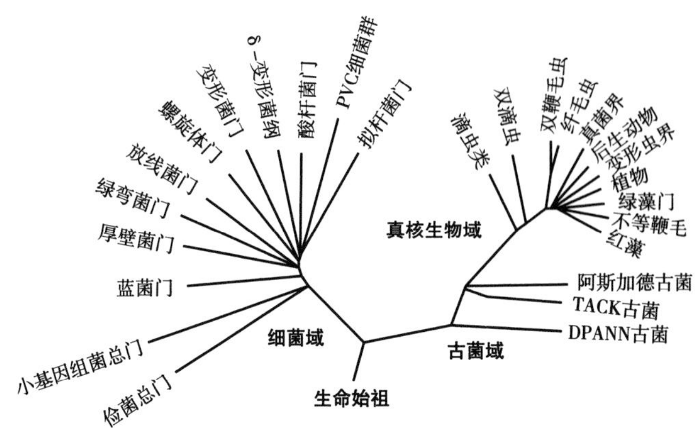

图 4　利用通用计时器和 16S rRNA 基因序列构建的生命之树

插图：马克・G. 雪佛兰（Marc G. Chevrette）

土壤中微生物的多样性最为丰富。

土壤中微生物的多样性可能为人类健康提供了有史以来最大的福祉——抗生素。在霉菌中发现了第一种抗生素（青霉素）之后，人们发现，真正的宝贝就隐藏在土壤细菌之中。从 20 世纪 40 年代到 80 年代，微生物学家和制药研究人员发现了大量由土壤细菌产生的抗生素。这些化合物成为抗生素工业的支柱，产生了四环素、万古霉素和链霉素等药物。土壤的馈赠真 39
正改变了人类的生存进程，在有抗生素的国家，伤寒、肺结核和斑疹伤寒等疾病已经从十大死因清单里剔除，细菌感染性疾病变得可以被治疗而且不再致命。在美国和其他抗生素种类丰富的国家，人口预期寿命从 47 岁上升至 79 岁。

多产的土壤细菌催生了一个庞大且有利可图的抗生素产业，其产品在现代医疗实践中已经变得非常普遍。除了用于治疗细菌感染性疾病外，抗生素还开始被用于治疗人们无法控制的病毒感染性疾病，并成为动物饲料中广泛使用的添加剂，因为它们有加速鸡、猪和牛体重增加的惊人效果。在过去的几十年里，全世界使用的抗生素中有 70% ~ 80% 被喂给了健康的牲畜。[18] 许多抗生素在动物体内无法降解，所以它们会被冲刷到土壤、地下水、湖泊和河流中，直接对这些环境中的细菌群落产生影响。我们使用的抗生素越多，耐药性细菌就会演化和传播得越快。今天，随着越来越多的常规感染无法治疗而且致命，这种耐药性有可能使细菌感染性疾病重新成为十大致命疾病之一。

1985 年，我的母亲患上了细菌性肺部感染。我毫不犹豫地让她服用抗生素，最终她恢复了健康。毕竟，她是一个坚强、聪明的女人，她的名字叫“Blossom”（花朵），而她也的确像花儿一样美丽。她来自一个坚韧的匈牙利移民家庭，在第二次世界大战期间，她是格鲁曼公司（Grumman Aircraft）制造战斗机的“铆工罗西”（Rosie-the-Riveters）中的一员。作为一名细菌学家，我对抗生素的力量充满信心，所以当服用一个疗程的四环素后母亲恢复了健康，我并不感到惊讶。

20 世纪 80 年代，制药行业开始放弃研发新的抗生素，尽 40
管有证据表明许多病原体对现有抗生素产生了抗药性。制药行业把注意力转移到对治疗高胆固醇和抑郁症等长期疾病药物的开发上。从经济的角度来看，这个选择是合理的。毕竟终身服用的药物比通常只服用几天的抗生素更有利可图。他们认为传染病问题已经解决，土壤中已经没有抗生素可以发现。到 20 世纪 90 年代，该行业基本上已经放弃了对新抗生素的研发，新抗生素的研发速度放缓。20 世纪 80 年代，有 40 种新的抗生素被注册用于临床。而 21 世纪 10 年代，只有 8 种抗生素被注册。世纪之交，几种主要病原体的高度耐药菌株已传遍全球。许多人对多种抗生素都有耐药性，因此有时没有有效治疗方法可供选择。

在母亲第一次成功使用四环素后，感染复发。令家人欣慰的是，处方中的抗生素起了作用，她再次恢复了健康。但随后感染又复发了，一次又一次。她反复服用了许多口服、静脉注射或吸入式的抗生素，几年后，她虚弱的肺部感染了致命的细菌铜绿假单胞菌（*Pseudomonas aeruginosa*），而且这种细菌被永久保留了下来。

与此同时，我所在大学的研究实验室发现了一种新的抗生素，起初是偶然，后来是有意为之。很明显，制药公司搞错了，土壤并没有被充分挖掘，相反，土壤是被遗弃了。在我个人紧迫感的驱使下，我的团队分析了数千种土壤细菌的抗生素活性，希望能找到拯救我母亲的抗生素。一直以来，铜绿假单胞菌对药物不断产生耐药性抵抗，损害了母亲的肺和呼吸功能。最终，我输了比赛，铜绿假单胞菌对所有药物
41 产生了耐药性抵抗。2001 年，我坚强美丽的母亲输掉了这场战斗。

如今的抗生素并不比 2001 年多多少。行业上对抗生素的兴趣并没有恢复，化学和分子方法也没有提供大量的新药，培养的土壤细菌仍然是抗生素的最佳来源。因此，为了填补制药公司离开所留下的空白，我建立了一个由大学生组成的全球网络，致力于在土壤中发现新的抗生素。我和我的合作者开发了一个名为“小小地球”（Tiny Earth）的课程，现在每年在 27 个国家向 1 万多名学生授课。[19] 学生们收集土壤样本，努力去发现土壤中存在着的能产生抗生素的细菌。我希望这些学生可以提高发现抗生素的可能性，同时培养他们对土壤这一礼物的感激之情。就我个人而言，“小小地球”基于我母亲被病原体细菌击败的经历，促成了一次与强大的土壤细菌的合作。

土壤流失给未来的抗生素发现带来了一个问题。有些抗生素只发现于一种土壤样本，尽管检测的样本有成千上万种。[20] 那么，在每年流失的 360 亿吨土壤中，有多少抗生素永

远不会被发现呢？[21] 由于抗生素耐药菌有可能将我们带回发现抗生素前的医疗时代，在那个时代，儿童的常规疾病、手术和每天割伤的手指都很容易致命，因此我们需要与土壤细菌为伴以发现更多的抗生素。

土壤使人们在地球上生活成为可能。然而，我们诋毁它为污物，毫不犹豫地铲平它，用破坏性的农业损害它的健康。当我们失去土壤，我们的食物、清洁的饮用水和新药物的供应就会受到威胁。那么，我们为什么要让它以不能持续下去的速度被侵蚀呢？

第四章

从混乱到有序
短暂的过渡

乔治亚娜·斯科特（Georgianna Scott）站在一个两米深 42
的土坑里，这是一个棱角整齐、底部平坦的方坑。她面对着
那堵土墙，向上看，然后向下看，试图弄明白她所看到的是
什么。时钟嘀嗒作响。在一个小时内，她必须把她的记分卡
交给在巴西塞罗佩迪卡（Seropédica）举行的 2018 年国际土
壤判别大赛（International Soil Judging Contest）的评委，他
们将选出个人冠军。很少有人有机会观看土壤评比的赛事，
但来自南卡罗来纳克莱姆森大学的 24 岁的她来到巴西就是为
了争夺世界冠军。乔治亚娜注意到表层土壤附近有根部缠结
在一起，下面一层则苍白且多沙，之后又从沙子突然转变为
黏土。黏土层非常紧密，就是用刀也无法穿透。在黏土之下， 43
她观察到一个红层，且随着深度的增加逐渐变暗，其间又不
时出现白色的斑点。这与乔治亚娜·斯科特见过的所有土壤
都不一样。这是什么土壤呢？

我们用同一个词“土壤”来描述岩石、水、生命、时间和空间这一基本混合物的无数个版本。[1] 每个维度在不同尺度

上都有所不同，从而创造了这个星球上无穷无尽的景观。有些特征在所有土壤中是相同的，而有些特征在不同的大陆甚至不同的土壤颗粒之间有所不同。

人类的思维探求模式，会将秩序强加于混乱的系统。人类和动物的生存建立在模式识别的基础上，以加速对周围信息的解读。[2] 我们根据事物的异同来分类，为生物、声音、思想和物体建立分类法。但我们最熟悉的还是地表事物的分类。虽然地球表面下的混乱世界在很大程度上并不可见，但也可以根据今天可以观察到的特征进行推断，这些特征能够作为土壤的历史和起源的线索。

土壤多样性从其母质就开始出现。首先，土壤下面是基岩，如花岗岩、石灰岩、砂岩、片岩、玄武岩和页岩。矿物也可以通过风或水从其他地方输送物质来添加，这进一步提高了土壤的复杂性。天气作用于矿物混合物，塑造出生物将定居并进一步改变的物理和化学环境。当热力学变化破坏岩石时，土地的拓扑结构将影响水的运动，水流将土壤颗粒带到新的位置，从而改变景观的轮廓和风化过程。水和氧气与矿物表面发生反应，能够改变母质的化学性质。

在全球各地，数百万种微生物、植物和动物参与的化学
44 和物理过程，把岩石转变成各种各样的土壤栖息地。根系可以凿穿从表面到土壤基质的颗粒迷宫，每个物种和根系类型

都会塑造不同的路径。粗根穿透团聚体，形成孔隙；而细根受土壤力量的影响，在团聚体周围生长，并穿过已经形成的孔隙。所有的根都通过为土壤贡献大量的生物量而留下它们的印记，如一株黑麦植物的细根总长度能达到 620 千米。而迄今为止发现的最深的根，属于南非的一棵无花果树，已经延伸到地下 160 米。[3] 植被类型和用途都会影响土壤的发展。即使在相同的地质基础条件下，受树木和下层植被影响的森林土壤，也和大豆田或牧场的土壤不同。

地质、植被和风化的相互作用对每克土壤中的数万种微生物都会产生影响，而且这种影响会进一步扩大到地球的地下储备系统。微生物的分泌物会让土壤结块，这将促使每种土壤都以其独特模式形成特征通道和空腔。微生物还会改变矿物质的化学状态，将化学反应的速度提高 1000 倍。这些化学变化可以让地下土层产生不同色彩，这就是通常所称的分层现象。

时间对土壤的影响从几秒到数十亿年不等。岩石以千年为周期发生变化，植物和动物的生长和死亡通常以月或年为周期发生变化，微生物可以在几分钟内完成繁殖或直接休眠数千年。叠加在这些变化之上的是由日常循环和气候事件驱动的土壤温度、水分和空气的快速变化。树木在白天吸收水分，而有些树在晚上会把大量水分排入土壤。一场暴雨可以

45 在几分钟内把干旱的土地变成洪区。所有这些过程都在不断变化之中，并处于不同阶段，即使是在一块单一的土地上，土壤的类别也要基于所处的时间段进行划分。

土壤在空间上既有细微的差异，也有巨大的不同。非均质性是土壤的特征。根据定义，土壤是多种颗粒、有机体和化学物质的混合物，每一种都处于生命周期的多个阶段。微生物群落因土块、颗粒而异，甚至在同一沙粒的不同位置上也有所不同。在一团土壤中，内部的裂缝可能没有氧气，而表面则能很容易接触到空气。在地块尺度上，如果不是地块跨越了地质过渡带或有一个剖面上发生凹陷形成了水坑，即使物理特征差异很小，其生物特征变化也会很大。如果考虑跨度更大的土地，由于潜在的地质、天气、植物群、动物群和微生物群在整个景观中不断变化，土壤的所有特征也都会有所不同。

那么，土壤科学家是如何搞清楚这种岩石、水和生物混乱交织的状态来描述一种特定的土壤的呢？怎样的分类学才能使混乱的地球暗物质产生秩序？我们需要一种语言、一种速记术来快速传达土壤的特征，比如用一个名字来联想到乌克兰的黑土或亚拉巴马州的红土。这就是土壤分类的科学和土壤判别的艺术。

如果我们和乔治亚娜·斯科特一起在一个土坑里，我们首先可能会被土臭素的气味吸引。我们可以取一点土壤样本，品尝它的质地，测量颗粒大小——砾石、沙质或像滑石粉一样光滑。它可能尝起来有强烈的酸味，也可能尝起来发甜，如白垩粉。我们可能会看到颇具戏剧性的地层或微妙的地层。黑色、棕色、金色、红色或灰色的波浪形横条纹讲述了这片特殊土地的古今传奇故事。靠近地表的根部将嵌入一个棕色的基质中，被称为 O 层，或有机质层，其中含有所有土壤层 46
中最丰富的活的和腐烂的动物、植物和微生物的混合物。沿着土壤剖面往下走，紧接着是 A 层，它受到地表生命形式的影响，但与 O 层区分时，这层的分解状况更充分。典型的土壤在 A 层以下会依次包含 B 层或底土（只存在于某些土壤中）、包含母质的 C 层、作为基岩的 R 层。[4] 有些土壤的标志是位于 A 层之下的 E 层——黏土、许多矿物质和有机质已耗尽，只留下了最耐腐蚀的矿物质。分层的位置、厚度和颜色见证了生物和岩石材料是如何通过暴露于水、空气、时间和彼此之中而塑造成形的。我们眼前看到的这些特征是许多土壤判别员（如乔治亚娜）在填写登记卡时使用的分类线索（见图 5）。

最早对土壤进行分类的是农民。自大约 12000 年前农业开始以来，人们根据相对生产力对土壤进行了区分。他们将

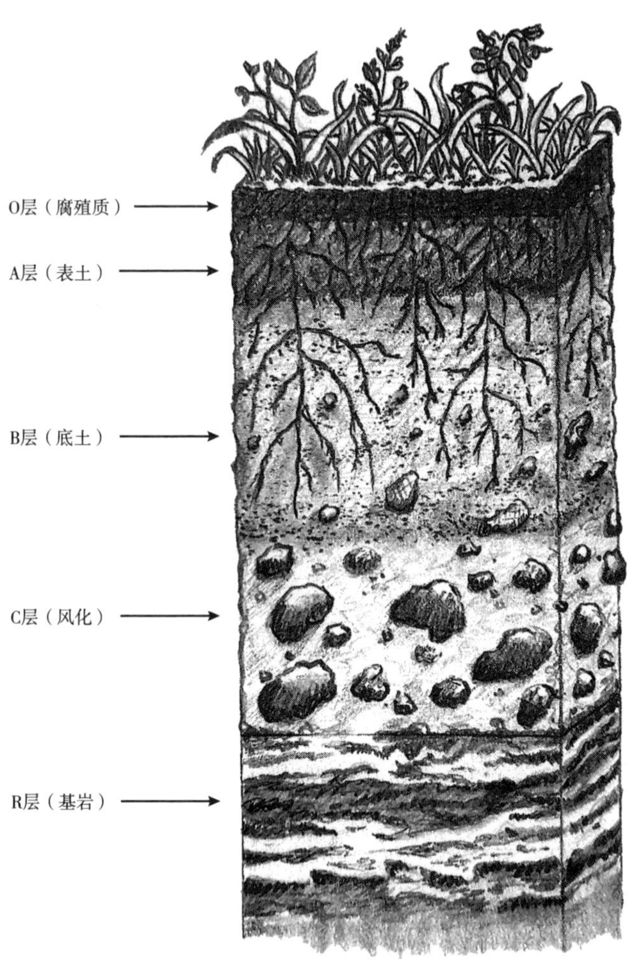

图 5　有分化层的土壤剖面

插图：莉兹·爱德华兹（Liz Edwards）

与丰收和歉收有关的智慧传给后代，而后代用自己的实验结果丰富了土壤的民间知识。在农民之后，古代文明的政府官员为了经济利益而推进土壤分类。相传大约 4000 年前，中国统治者尧（约前 2357 ~ 前 2261 年）就根据作物产量将耕地分为九类，并据此对土地所有者征税。[5]

1832 年，对土壤进行分类的呼吁得到了两位地质学家的响应，他们是 19 世纪末美国的 E. W. 希尔加德（E. W. Hilgard）和俄国的瓦西里·道库恰耶夫（Vasily Dokuchaev），他们发明了根据土壤性质进行分类的方法，而且都取得了超过其时代的成绩。希尔加德的分类思想在之后的 50 年里一直未被采纳，他关于土壤和气候关系的论述在 48
21 世纪的思想中才得到反映。道库恰耶夫是 19 世纪俄国土壤科学学派的奠基人，他的学说支撑着今天的思想。他认识到土壤是地球的一个独特部分，并将其融入自然世界的统一视野之中。道库恰耶夫观察到土壤分层现象，这是他推行的土壤成因分类（基于导致土壤形成或土壤发生的因素）的基础。他描述的土壤是基岩、有生命和无生命有机体（植物和动物）、气候、所在区域年龄和周围地形的综合活动的结果，这与我们现在对土壤的理解非常吻合。[6] 道库恰耶夫对他创造的领域产生了持久的影响，创造了在整个土壤科学中仍然使用的俄语术语。火星上的一个陨石坑以他的名字命名，可谓合情合理。

20 世纪初期，美国科学家心怀将土壤分成不同组别的愿望，对其广袤土地进行了调查。土壤科学家在 20 世纪 20 年代开始研究不同的过程是如何形成不同的土壤的，就像道库恰耶夫在半个世纪前所做的那样。浸出（由水引发的可溶性营养物质的去除）、黑化（有机质的加入）和氧化（矿物质与氧气的反应）过程形成了容易通过颜色区分的层次。对生产力和土壤成因的关注有所减少，取而代之的是在分类系统中获取广泛的特征——质地、化学成分和深度信息。

第二次世界大战后，苏联、法国、美国和其他几个国家纷纷委托科学家开发国家分类系统，土壤分类开始蓬勃发展。苏联科学家在 19 世纪道库恰耶夫的研究基础上，根据土壤形成过程对其进行分类。在法国，1967 年成立的土壤委员会根
49 据土壤的共同特征（例如湿润程度）将土壤分为类、亚类、组和亚组。这两种土壤命名系统分别沿着政治上的断层线在其他地区传播。曾经遍布整个非洲的法国殖民地都采用了法国方法，民主德国和联邦德国使用的截然不同的系统直到柏林墙倒塌后才得以统一。中国最初使用美国分类标准，1949 年改用苏联分类标准，现在则使用自己的分类标准。澳大利亚、巴西、加拿大、英格兰、威尔士、新西兰、南非和其他一些国家均使用自己的系统。联合国粮食及农业组织（FAO）

曾试图促成一种名为“世界土壤资源参考基础”（World Reference Base for Soil Resources）的通用分类体系，但它从未真正成为通用的标准。[7]

还有很多国家使用的是美国土壤系统分类（Soil Taxonomy System），包括非洲和中东的大部分地区、南美洲、南亚。美国土壤系统分类是基于质地、风化程度和厚度等土壤层次性质进行的。该系统对土壤进行了最广泛的划分，分成 12 土纲（orders），对每组形态学上的显著特征进行了表达。最精细的一级分类被称为土系（series），在美国有超过 21000 个土系。[8] 在土纲和土系之间，有基于土壤所经历的气候特征和它们所做工作类型的各级划分。

美国土壤系统分类的 12 土纲紧紧抓住了诸如土壤质地、pH 值和母质等信息。例如，冻土（Gelisols）和旱成土（Aridisols）分别以其冰纹化层次和有机含量低等特征命名，这些特征反映了它们被发现时的气候状况。其他土纲则基于土壤层次的可见特征划分，这也揭示了与它们起源相关的元素特性。新成土（Entisols）和始成土（Inceptisols）是最年轻的土壤，尚未形成明显的层次分化。氧化土（Oxisols）和老成土（Ultisols）的形成时间更长，通常高度风化，常见于热带，和温带的灰化土（Spodosols）一样，通常呈现鲜艳颜色 51
（见彩图 1）。

淋溶土［Alfisols，占全球无冰区（Global Icefree Land，GIL）的 10%］是肥沃的土壤，通常用于农业和林业。淋溶土形成于落叶林下的潮湿气候或稀树草原植被下的半干旱地区，通常需要数千年时间，其中一些土壤甚至已经有
53 超过 40 万年的历史。降雨会将黏土移出淋溶土剖面，导致上层土壤颜色变浅。

火山灰（Andisols，1% GIL）大多呈酸性，但非常肥沃。它们从火山喷发的灰烬中产生，并储存了大量的碳。火山灰通常分布在雨量充沛的潮湿热带地区，为全世界 10% 的人口和多种植物提供了养分。

54 **旱成土**（Aridisols，12% GIL）占到地球沙漠面积的 1/3，主要分布在亚洲、非洲、大洋洲的澳大利亚等地。它们是最古老但也是最浅表的土壤。在所有土纲中，旱成土储存的有机质很少，碳和氮的含量也最低。只有在补充营养和水分的情况下，旱成土才能支持农业生产。

新成土（Entisols，16% GIL）是地球上最丰富的土壤，其典型特征是土壤形成时间不长，或者是从气候耐受性好的母质中发育形成，土壤的分层现象也最少。新成土广泛分布于尼罗河和底格里斯河沿岸的古代农业中心。

冻土（Gelisols，13% GIL）形成于寒冷气候，在地下 1 米范围内存在一层永久冻土层。频繁的冻结和融化事件孕育

了冻土，其中布满了不规则形状的冰脉。这些土壤为当地许多的原住民社区提供食物、住所和燃料，并吸收和固定了土壤中大约 1/4 的有机碳。

有机土（Histosols，1% GIL）比较潮湿且富含有机质。它们主要分布在北方森林中的藓类泥炭沼泽、草本泥炭沼泽和木本泥炭沼泽等泥炭地。有机土可以作为燃料燃烧并可添加到其他土壤中以增加肥力，它们还提供了防洪、野生动物栖息地、地下水补给、碳储存和营养循环等生态服务。

始成土（Inceptisols，15% GIL）通常很年轻，几乎与下面的母岩没有区别。它们沿斜坡地和河流平原分布，含有来自侵蚀山顶和涉水环境的沉积物。始成土可以用在林业、畜牧业、农业等行业，养活了世界上 20% 的人口，比其他任何一种土纲养育的人口都要多。

黑土（Mollisols/black earths，7% GIL）土层深厚而肥沃，表
层具有厚厚的有机质。这种土壤在草原环境下形成，风 55
吹来的灰尘和冰川漂移来的沉积物令其更加肥沃，遍布乌克兰、俄罗斯、中国东北、阿根廷和美国。黑土是最具农业生产力的土壤之一，可用于种植小麦、大豆、玉米和小米。黑土的固碳能力很好。形成黑土的草原植物将丰富的有机碳输送到根部，在地下产生比地上更多的

生物量。

氧化土（Oxisols，7.5% GIL）呈红色或黄色，富含铁元素。它们形成于热带地区，主要分布在南美洲和非洲。它们可以在原地发育，慢慢改变气候耐受性好的母质，也可以在来自其他地方沉积形成的土壤中发育。这些土壤实际上比较贫瘠，只有当上面的森林被烧毁后释放出必要的营养物质或通过施肥才能支持植物生长。

灰化土（Spodosols/white earths，2.5% GIL）是降水量大的寒冷地区的典型土壤，分布于加拿大、俄罗斯、斯堪的纳维亚和许多山脉的针叶林区。热带地区也有大面积的灰化土。灰化土是在剖面有机质、铝、铁和硅淋失条件下形成的，形成纯白色的 E 层，含碳量可以很高。灰化土的形成需要 3000 ~ 8000 年的时间，而且通常呈强酸性且多沙，无法支持土豆、苹果、大麦和浆果以外的作物生长。

老成土（Ultisols，8% GIL）大多形成于热带森林环境。它们独特的分层可能要经过数百万年的时间才能形成。它们的有效营养含量相对较低，而当地的营养大部分储存在茂密的森林植物体中。

变性土（Vertisols，2.5% GIL）是一种深色的富含黏土的土壤，可以形成于各种母岩之上，也可以在一系列气候条件下

形成，在季风区更是普遍存在。如果水分管理得当，变性土上的作物和牧场产量可以很高，但旱季裂缝会对动 56
物产生威胁。[9]

当国际土壤判别大赛启动后，土壤分类学获得了新的威望。对乔治亚娜·斯科特来说，这是一条在土壤科学界迅速获得盛名的途径。在大赛启动后短短的一年内，她在地区、国家和国际各类赛事中的胜绩，就已经不断给她和她所在的学会带来了盛名的冲击。但如果回顾历史，我们就能感觉到从孩童开始，这个征兆就已经出现在她身上。四年级时，她为了参加科学竞赛，在林地里挖了个坑，只是想看看里面有什么东西。她看到了蚯蚓、分解的残叶，而且还中了头彩——那是一个长近 8 厘米的光滑的白色箭头，是曾经在这片土地上生活过的卡托巴印第安人（Catawba Indians）的遗产。

在随后的十余年里，乔治亚娜坚守在巴西的土壤坑槽里，坚持不懈地识别土壤的纲与亚纲。她始终遵从导师的教诲，从不急于得出结论，而是坚持开展简单的观测与记录工作。她一丝不苟地观察记录：土壤有 20 厘米的 A 层，该层中的根系很显然处于不同的分解阶段；这一苍白而沙化的层次很可能是由矿物质淋溶损失引起的。红色层次中的白色斑块很可能是由水分过度饱和引起的。不同水平层次之间结构上的明确界线和突变告诉了她土壤的秘密。幸运的是，乔治亚娜已经掌握了美国土壤系统分类和世界参考基础分类这两套系统。世界参考基础分类方法因其定义了黏盘层而广为人知，黏盘层是不同深度土壤中结构剧烈变化的典型特点。通过敏锐的观察和对两种土壤分类方法的应用，乔治亚娜取得了2018年国际土壤判别大赛的胜利，并荣获个人冠军。

57 ———

土壤的名字不光是标签，它们还充满了故事。例如，伟大的黑土因其美丽和用途而为人所知。黑土深厚、颜色发黑而且肥沃，是世界上最具生产力的土壤之一。黑土最初被道库恰耶夫命名为黑钙土（Chernozem），意思是俄国的黑色土壤，并一直沿用至今。这些土壤通常分布在乌克兰和美洲中西部的温带稀树草原和干草原地区。在这些平原地带，深根系多年生植物和成群的大型动物一起漫游，有机质逐渐积累。千百年来，在土壤微生物的大力帮助下，植物和动物一起塑造了这种肥沃的深色土壤。土壤名字中已经包含了非常丰富的信息。

新成土处于青少年阶段。由于土壤基质刚刚形成，或者因为诸如水分等导致土壤风化的成分还比较缺乏，很多新成土与其形成的母质之间还未出现分化。持续的水分饱和可以阻止氧气穿透土壤，从而让土壤持久地处于发育初期。

在诸如撒哈拉、戈壁和莫哈韦这样的大沙漠，我们可以看到干旱和脆弱的旱成土。它们支持着由植物、动物和微生物构成的惊人的系统多样性，但是该系统实在经不起类似过度放牧这样的不当利用的折腾，这样会直接导致土壤丧失其支持生命的能力。旱成土最典型的特征是矿物质丰富，这主要是因为矿物质没有因土壤水分渗入而流走，同时也使得旱成土在水分充分时可以提供很强的生产能力。每年会有数百万吨的物质通过风力实现跨大洲的搬运，因此旱成土也提高了遥远地区土壤的生产能力。

当我们观察裸露的土壤剖面并设想它们发育至今的起源和
路径时，的确容易产生疑惑。例如，我生活在威斯康星州上次 58
冰川作用事件所划定的一条线上。这条线的东侧是末端冰碛，巨大的冰层在这里停止，留下深深的岩石、砾石和碎片沉积物。在分界线以西和未结冰的一侧，土壤呈粉质且柔软。这两者的分界为我们展示了发生在 1 万年前的地质事件。

在冰川作用地区以南，可以看到非常不同的土壤，包括在温暖湿润气候条件下发育的老成土。其典型特征是硅、铁和黏土从土壤表层向下迁移，表层土壤也因此呈现灰色或白色。这些颗粒物质在更深的土层中沉积并与氧气发生反应，形成浅红色或黄色的典型的金属氧化物。

地球上的所有土壤都在讲述过去的故事。而我们的责任是书写它们的未来。

第五章

风、水和犁

目前世界各地的农民一直都在和土壤侵蚀抗争（见彩图 59
2）。保有土壤肥力和生命的肥沃的 O 层和 A 层不复存在，部
分农民只能在底层土壤或者更糟的土壤岩性母质的碎屑上耕
作。还有部分农民则开始认识到土壤侵蚀正蚕食表层土壤以及
相应的生产能力和利润。[1] 对这些农民来说，侵蚀不是抽象的
威胁，而是他们赖以生存的主要资源的有形损失。一些农民被
土地退化这一毁坏性循环不断纠缠，在侵蚀导致土地成为不毛
之地之前，他们通过使用过量的肥料来维持产量。农民被迫放
弃消耗殆尽的土地并去寻找新的场所来种植作物和养殖牲畜。 60
但土壤侵蚀并不是农业生产的必然结果。很多农民可以让土壤
保持健康状态，能够恢复作物和动物引起的养分损失，并能防
止土壤流失。一些原住民在以往的几个世纪里一直在这样做，
一些组织也开始探究土壤保持技术。为了确保土壤在未来食物
安全和环境稳定中的保障作用，我们必须了解好的土壤管理方
式并采取更广泛的保护措施。但首要任务是我们必须深入探究
土壤侵蚀的本质。我们先从其成因开始。

侵蚀是由风和水等引起的自然过程。这个过程和土壤本身一样古老，它将地球表面塑造为今天的壮丽景观，创造了河流蜿蜒的路径，揭开了一些地质遗迹崎岖的出露断面，塑造了另一些地质遗迹的优美轮廓。尽管侵蚀的影响有好坏之分，但侵蚀本身是中性的。我们把土壤颗粒分离并迁移到新位置的现象称为“侵蚀”。但实际上，在我们常说的土壤“流失”中，侵蚀仅仅是指土壤离开了其最初场地。这通常是指土壤从那些最需要土壤的农田移出的过程。

侵蚀对土壤的影响可能是毁灭性的，也可能是建设性的。肥沃的土壤可能最终被埋在对农业无益的沟渠、道路之下，或者埋在植物无法吸收养分的较不肥沃的土层之下。一些泥沙在水库中沉淀，使其储水能力下降 50%；一些泥沙会堵塞水道，一旦其中的营养物质被释放出来，就会使得饥饿的微生物过度生长，破坏当地生态系统的稳定性，导致水生生物窒息。[2]

相比之下，一些沉积事件对当地环境是有利的，因为它们补充和改善了当地土壤，将急需的矿物质输送到附近的农田或遥远的大陆。洪水淹没河岸，将上游的土壤冲到相邻的
61 土地上，这是每年都会发生的事情。尼罗河和密西西比河等河流周围的大三角洲就是在泥沙沉积过程中形成的，成为世界上最高产的农业区。

如果总是发生侵蚀，又会出现什么问题呢？为什么目前土壤侵蚀的速度令人担忧呢？在任何地方，土壤的深度都是由土壤发生与沉积同相反的侵蚀力之间的平衡决定的。表层土壤的自然发生速度为每年每公顷 0.5 吨至 1.0 吨。如果考虑每年每公顷 13.5 吨的全球平均侵蚀速度，问题就出现了：土壤从形成地消失的速度是发生速度的 10 ～ 30 倍。这绝对不能持续下去！在世界许多地区，耕作行为引起的加速侵蚀已经开始危及粮食安全。气候变化引起的越来越多的降雨和不断攀升的气温及其通过农业活动对土壤产生的复合影响，进一步加速了土壤侵蚀。在人口增长、农业活动加剧和气候进一步恶化的前提下，土壤只能是牺牲品。[3]

从个人到全球的各个层面都感受到了不能持续下去的土壤侵蚀的影响。在农业方面，土壤侵蚀减少了作物产量，从而导致更严重的土壤侵蚀，加剧了随之而来的农民经济困难。一些土壤的侵蚀，特别是泥炭质的有机土的侵蚀，往往会导致土壤碳转化为温室气体，进而导致全球变暖。土壤侵蚀在全球碳预算中的作用尚未研究清楚，也仍未形成共识。但由于侵蚀之后会产生温室气体，它每年向大气中贡献的碳可达 20 亿吨。[4] 这相当于全球每年燃烧化石燃料所排放碳的 20% 左右。被侵蚀的土壤可能会扮演补偿者的角色，这些土壤被沉积和掩埋，减少了作为温室气体释放的可能。

土壤侵蚀的自然驱动力是什么？风的侵蚀可能比水的侵蚀更有名，因为风暴极大地降低了能见度，并可以达到从地球或卫星获取的图像中都能够观察到的程度。干燥的土壤特别容易受风的影响，因为干颗粒比那些包裹着一层水的颗粒更容易被移走。被称为风成过程的风力所产生的力量会耗尽提供土壤的土地，并推动世界各地受体土壤的演化和富集。其中最容易受到侵蚀的是干旱和半干旱土壤，如旱成土和部分新成土，它们覆盖了地球表面的 40%（约 4.3 亿公顷）。每年全球干旱和沙漠地区的沙尘排放量在 10 亿和 40 亿吨之间，其中一半以上来自北非。风把土壤颗粒从撒哈拉沙漠的表面吹走，带到地球上遥远的地方。吹来的沙漠土壤会让南美洲亚马孙雨林中土壤的含磷量增加。同样，来自亚洲的粉尘维持着夏威夷陆地，甚至可以到达北美西海岸。沉淀下来的矿物质滋养了美国的土壤，但代价是耗尽了非洲和亚洲的沙漠土壤。一些从其他大陆获得土壤馈赠的土地本身也在遭受着侵蚀。在美国，风蚀每年估计会带走 6.3 亿吨土壤，主要来自干旱农田。[5]

风蚀事件在历史上经常出现。美国历史上最严重的沙尘暴之一发生于 1935 年 4 月 14 日。这一天被称为“黑色星期天”，时速 100 公里的大风横扫大平原，近 100 万吨干燥的表土被吹到空中，遮蔽了俄克拉何马州的阳光。“黑色星期天”是沙尘暴十年的中期标志，是一场跨越 20 世纪 30 年代的干旱，其间夹杂着暴风，带走了大量作为美国农业生产力根基 63 的黑土。土地连年管理不善，如过度耕作和年复一年地种植高耗土作物，导致平原土壤很容易受到风蚀影响。[6]

风蚀也是中国北方沙漠化的主要原因，它使肥沃的土壤变为干旱的土地。尽管几个世纪以来，中国的大部分地区在遭受风蚀的侵扰，沙尘暴的记录可以追溯到公元前 205 年，但在过去的 70 年里，土壤流失进一步加剧，使戈壁成为世界上增长最快的沙漠。中国近 30% 的沙化土地被用于畜牧和粮食作物生产，这放大了侵蚀的脆弱性。[7] 受到影响的农民有时会通过大量施肥来支撑作物生产，但这是稳定产量的临时解决方案，且会产生环境问题，例如水道污染，以及产生温室效应很强的一氧化二氮气体。此外，当农民通过过度施肥来提高产量的活动掩盖了侵蚀危害的时候，他们就不太可能重视土壤流失问题，长期来看对土壤就是灾难。

印度以经常发生沙尘暴而闻名，但在 2018 年，一场特别强大的风暴袭击了位于北部的北方邦和拉贾斯坦邦。高速风在雨季来临前便开始吹，因此土壤变得干燥而且易于侵蚀。树木和电线杆被从地上拔出，建筑物倒塌，100 多人失去了生命。印度反复发生的沙尘暴造成了水土流失、空气污染、肺部疾病、眼睛损伤和生命损失，人们认为这是由农业土壤管理不善加上干旱和强风造成的（见图 6）。但就土壤侵蚀程度而言，在印度令人印象深刻的 1.8 亿公顷农业土地上，风蚀仅占水土流失总量的 18%，其余都是由水力侵蚀引起的。[8]

64

与风的巨大影响相比，水力侵蚀通常不太明显，但更是无处不在。事实上，水是世界上最普遍的运土机，水从大块土壤中剥离土粒，并将它们推进小溪、沟壑和河道之中（见彩图 3 和彩图 4）。水通过洪水、灌溉和降雨与土壤相遇，由于雨滴打击地面的力量很大，降雨就显得尤为重要。单个雨

图 6　沙尘暴

插图：海伦·琼斯（Helen Jones）

滴看起来可能很温和，但它们集体的力量却可以惊天动地：100 厘米的雨水撞击 10 公顷土地的表面所产生的动能约与 1 吨 TNT 炸药相当。对于一小块土壤来说，雨可能是灾难性的。在世界范围内，水每年可以导致 200 亿 ~ 500 亿吨土壤离开其所在的地块。[9] 气候变化的加剧，将会给世界各地带来更严重的暴雨，相应的侵蚀程度预计也会增加。[10]

最具破坏性的水蚀一般发生在坡地上，在重力作用下， 65
水流向海拔较低的地方，同时一并冲走土壤。坡度越陡或越长，发生水蚀的可能性就越大。由此导致的景观变化从难以察觉到完全重塑，其中小溪涧或大沟壑作为土壤在景观中移动的通道，其速度缓慢或快速，则取决于坡度、障碍物和水深（见图 7）。土壤最终会落在相对较低的地方，或持续汇入涵洞、水库、小溪、河流和海洋，并对其所到达的地方的生态系统产生益处或损害。[11]

全球的降雨不均匀，但其侵蚀力却没有差别。据估计，在撒哈拉以南的非洲，水蚀已经导致 46% 的土地退化，其中尼日利亚的退化面积高达 80%。在南太平洋的火山岛屿上，陡峭的地形和强烈的风暴联手发力，导致平均每年每公顷土壤侵蚀量达到 50 吨。在巴布亚新几内亚和所罗门群岛，森林砍伐使土壤变得脆弱，也加剧了水力侵蚀。在印度，水扮演着许多角色，有好有坏。虽然印度长期缺水，但印度超 1/3 的

图 7 精耕细作田地上的侵蚀细沟

插图：利兹·爱德华兹，据卡塔琳娜·赫尔明（Katharina Helming）的照片绘制

土地（9000 万公顷）仍遭受着水蚀危害。1950 ~ 2008 年，印度的灌溉土地面积增加了 2 倍之多，粮食产量达到了前所未有的水平，但也因盐渍化而破坏了土壤。盐渍化是水将溶

解在地下的盐带到地表积累的过程。当盐含量过高时，植物生长会遇到阻碍，并减弱其对土壤生产力的支持功能，最终提高土壤的可蚀性。[12] 水问题对印度保持粮食自给自足的能力提出了挑战，如果要养活预计到 2050 年居住在印度的 16.2 亿人口，几乎需要 2006 年印度 2 倍的农业产出。土壤肥力不断下降的土地，不能为不断增长的人口提供可持续保障。

——— 66

要得出关于侵蚀的结论，关键是准确估计侵蚀的能力。追踪土壤从迁出地到沉积地的过程从来都不是一件容易的事。自农业开始以来，农民无疑已经看到土壤会从他们的田地里流失并在别处堆积。在正式研究之前，一些偶然的观察记录 67
了土壤侵蚀情况。1897 年对俄国斯维尔河（Svir River）的调查结果显示，在过去的一个世纪里，在斯维尔河的沉积物中发现了有 100 年历史的硬币。但是直到 20 世纪，还很少有人对土壤侵蚀进行系统性测量。1915 年，密苏里大学的本科生雷·麦克卢尔（Ray McClure）开始研究农田径流中的养分流失。在开展研究时，麦克卢尔问他的导师，他应该如何处理从高地到低地的径流搬运而来的沉积物。导师建议他测量其中的物质和营养成分，麦克卢尔发现径流水和所置换土壤中的营养物质含量大于田间施肥量，这表明田间营养物质出现了净损失。他还量化了农田流失的土壤数量，从而开始了对美国土壤侵蚀的研究。[13] 他还阐明了土壤侵蚀的重要性质：从其所在位置发生的位移。在麦克卢尔的例子中，他还可以测量土壤从流失的地块向山下堆积的情况。在许多情况下，被移动的土壤就像失去了原来的主人，它们或者被埋到另一块地里，或者被铺在公路上，或者被吹到另一个大陆，或者被冲进水道。

自麦克卢尔的实验以来，土壤侵蚀的研究变得更加复杂。几十年来，土壤科学家一直在用五种方法估算农业土地的侵蚀速率。但没有一种方法是完美的，每一种方法都需要考虑充分的抽样和适当的比较。具体方法如下。

一是土壤深度。我们可以测量表层土壤的厚度。一些研究人员测量了从表层到土壤母质的深度。另一些研究人员则
68 使用从 A 层表面到底部的深度，专注于有机质最丰富的部分，而不包括底土。底土和母质的位置不会随着时间的推移而改变，因此从表面到这些土层的距离表明了覆盖矿物质的土壤数量。为了估算自耕作开始以来土壤损失了多少，我们可以将农田的土壤深度与附近未开垦地区的土壤深度进行比较，后者的土壤深度可能与土地转为农业用地时的土壤深度相似。更好的方法是对同一地点进行重复测量，这可以更准确地估算土壤流失变化状况。艾奥瓦州立大学的杰西卡・文斯特拉（Jessica Veenstra）和李・伯拉斯（Lee Burras）在一项土壤深

度比较的有力应用研究中，评估了过去 50 年连续行栽作物农业生产产生的影响。他们使用了 1959 年的土壤调查数据，该数据描述了艾奥瓦州 21 个县的 82 个地点的土壤剖面，并将其与 2007 年同一地点的剖面进行了比较。在 82 个对比观测点中，顶部土层的厚度平均从 15 厘米减少到 1 厘米，而山底出现了土壤堆积。在运输过程中，被侵蚀的土壤失去了团聚结构，变得远不如原来健康。研究表明，在这 48 年里，顶部土层减少了 90%。与 1959 年收集的第一批样本相比，2007 年的植物根系经历了非常不同的但更贫瘠的土壤环境。[14]

二是径流或沉积物。由于土壤从一个地方转移到了另一个地方，所以我们可以根据从一个地方移走的量或在另一个地方积累的量来估算侵蚀情况。研究人员可以通过将已知重量的土壤放入一个网袋中，并测量其随时间的变化量来估算土壤侵蚀和流失的数量。如果在田野中足够多的地方放置袋子，并用另外的方法（如径流测量）来验证结果，那么科学家可以对土壤流失进行合理估算。在对沉积点的径流量进行观测时，可以在感兴趣的地块斜坡的下端安装一个容器来收
集径流及其携带的土壤。水槽或其他容器可以按照一定间隔 69
在较低处收集土壤。随后间隔一定时间对容器中积累的土壤重量进行测量，并根据各个收集单元的平均值对一定时间段内每公顷土壤的侵蚀量进行估算。研究发现，在同一块土地

上对土壤流失量和下坡积累量的估算几乎是相同的，这表明这些方法可以对相同的过程进行测量，并可以提高估算结果的可信度。长期趋势是通过水库和其他水体的沉积物来测量，但这些测量会严重低估侵蚀速率，因为通常只有不到一半的侵蚀土壤最终进入水中。当用于比较管理措施对侵蚀地块产生的影响时，收集水道中的沉积物尤其有效。澳大利亚新南威尔士州的韦恩·厄斯金（Wayne Erskine）研究小组进行了一项研究，研究人员在一系列小水坝中收集了从上游坡地侵蚀而来的土壤。其中，来自农田的土壤是来自林地的3倍，这表明农田管理对侵蚀产生了强烈影响。即使收集到的沉积物的绝对数量会低估侵蚀速率，但在比较不同土地管理措施之间的相对数量方面还是有意义的。[15]

三是同位素示踪法。在1996年禁止核试验之前，美国、苏联和其他几个国家进行了2000多次核武器试验。500枚核弹在地面上引爆，释放出的放射性副产物进入大气层，其中一些最终沉积在世界各地的土壤中。同样，1986年乌克兰切尔诺贝利核电站爆炸和其他核事故释放出的放射性沉降物也沉积在世界各地的土壤中。土壤颗粒会迅速与放射性元素结合，并固定在一定位置，使得表层土壤的放射性比深层更强。
70 当土壤表面被侵蚀时，其原始位置的放射性会减弱，可用这种变化来估算土壤流失量。研究人员通过直接测量沉积物积累量和土壤再分布来验证放射性核素。当与初始时间点的基线值进行比较或与未开垦土地表面的放射性进行比较时，这些测量非常有用。放射性积累强度也可用于判断侵蚀通道和土壤沉积点。第二种方法是使用放射性元素铍，主要用于估算地质时期或人类干预之前的侵蚀速率。放射性元素铍在地壳中相对稀少。它们是因宇宙射线撞击地球表面而产生的，可以用来追踪沉积岩层中曾经的表层土壤位置。[16]

四是遥感法。1957 年第一颗人造卫星的发射，让我们对地球有了全新的认识。卫星图像或遥感在评估土壤湿度、粗糙度、植被和地形方面已被证明是有效的。利用地球表面反射的可见光或红外线制作的图像已经被用于评估土壤特征。那些影响水分进入土壤的特征，如是否存在土壤结皮、孔隙度、水分、植物残体或冠层，都可以在卫星图像上检测出来。该方法可对沙漠化过程进行监测，也可对耕作（影响粗糙度）和覆盖种植（基于裸露土壤的暴露）等土壤管理措施进行观察。大型沟壑和水道中的土壤都可以被直接探测到，因为悬浮的沉积物增加了水中可见光和红外线的反射率。卫星成像的威力在于，可以对陆地进行大面积测量，也可以采用不同的频率进行测量。1972 年，美国发射了第一颗陆地卫星，到 2013 年，已经发射到了第 8 颗。陆地卫星 8 号在 705 千米的高空每 99 分钟绕地球一周，在 16 天内可以完成对整个地球

71 表面的探测。卫星还提供了土壤侵蚀的历史记录。2020 年，研究人员利用 1949 ~ 2011 年的遥感图像评估了斯洛伐克的侵蚀情况。[17] 卫星数据也使科学变得民主化——陆地卫星收集到的科学信息可以在美国地质调查局的三个网站上获得，以便所有人都能够跟踪土壤的变化。

五是建模法。1940 年，土壤科学家开始将侵蚀的直接测量与环境因素联系起来，首次构建了土地坡度和侵蚀之间的定量关系。紧接着基于大约 8000 个地区的测量结果，构建了降雨和侵蚀之间的联系。1965 年，土壤科学家用一个数学模型把几个与侵蚀相关的参数联系起来，创建了通用土壤流失方程（USLE）。它可以计算降雨、土壤可蚀性、坡长和坡度以及作物和土壤管理措施对侵蚀的影响，可用来估算片蚀（表层土壤的均匀剥离）和沟蚀（土壤通过沟纹的流失）。USLE 最初是基于 1 万次测量数据开发的，并在过去 60 年里通过数千个数据点进行了验证。美国农业部使用 USLE 报告的每个州的土壤侵蚀情况来完成三年一度的自然资源清单（Natural Resource Inventory）。但 USLE 有一个很大的局限性，它不能解释沟壑侵蚀，即在土地上短暂的深沟，大量的土壤在风暴期间会被冲走。因此，在受深沟影响的地区，USLE 会大大低估侵蚀强度。[18] 它还受到许多地方数据不足的限制，迫使方程只能使用大尺度时间和空间的平均值。

第二种建模法即基于过程的估算，以水蚀预测项目（WEPP）为例，该项目使用水文、植物生长、水力学和侵蚀力学过程，将降水、地形、土壤特征和土地利用四个因素的测量集成到复杂的计算机侵蚀建模系统之中。USLE 的相关 72
性是基于静态测量，与过去的结果相关，可以估计新环境中的侵蚀，而 WEPP 使用物理过程将信息集成用于预测。此外，WEPP 还能够整合频繁收集到的卫星和其他遥感数据，提供持续变化的天气和景观的详细状况。将物理过程与丰富的数据集（这些数据包括在空间和时间上变化的地形、天气和农业实践等信息）相结合，使得 WEPP 适用于从小范围到大流域的许多尺度上的侵蚀估算。在一个具有前所未有的规模和准确性的侵蚀项目中，里克·克鲁斯教授和艾奥瓦州立大学的研究经理布赖恩·盖尔德（Brian Gelder）以及他们的团队利用 WEPP 的力量来模拟侵蚀，执行艾奥瓦州的逐日土壤侵蚀研究项目（Daily Erosion Project）。该项目正试图确定那些容易发生特别大或特别小的侵蚀情况的地点，以便进行干预并了解侵蚀过程。它的效用现在已经得到了广泛认可，并促使该项目模型在艾奥瓦州以外的地区也得到了应用。[19]

所有估算侵蚀的方法都不是完善的。不充分的抽样会产生错误的结论。有的只考虑土壤从一个地方移动，有的只考虑土壤到达一个新的地方。例如，地质学家倾向于测量水道中的沉积物，这通常比从农田移走的土壤量要少。土壤流失的测量值和水道中沉积物的积累值之间的差异会让一些地质学家认为，土壤的测量值过高地估计了侵蚀强度。但大多数批评人士没有把农田流失的土壤、下坡掩埋的土壤、流入沟渠的土壤，或因有机质转化为温室气体而减少的土壤计算在
73 内。这些都是土壤侵蚀的来源，它们不能用于农业生产，也不以沉积物的形式出现在水道中。将 USLE 与放射性示踪和卫星图像数据相结合，有助于促进各方法得出一致性的结论。[20]

难以到达地区和偏远地区为准确估算世界范围内的土壤流失提出了另一个问题。这些地区的部分侵蚀估算已经将来自农民或研究人员的现场信息纳入其中，但其他估算则完全依赖遥感和地理信息系统（GIS）的测量。通常最难到达的山区也是侵蚀最严重的地方。[21]

要弄清土壤侵蚀的意义，一个巨大挑战是，它是以大片土地的平均速率来报告的，但平均速率掩盖了局部的趋势，而局部的趋势可能远高于或低于平均值。在全球范围内的不同尺度上侵蚀速率变化非常大。例如，虽然全球平均每年每公顷 13.5 吨土壤的侵蚀速率可能不会立即引起警觉，但造成这一平均水平的主要是斐济，该国每年每公顷土壤流失量高达 50 吨。同样，美国每年的耕地侵蚀速率平均约为每公顷 10 吨，而艾奥瓦州为每公顷 13 吨，与全球平均水平相似。但 2007 年，艾奥

瓦州有 240 万公顷的土地遭受的损失是该州平均水平的 2 倍。2007 年 5 月 6 日，有 400 万公顷的土壤流失，相当于通常一整年流失的土壤，有 8 万公顷在一次暴雨中每公顷流失 220 吨土壤，损失超过土壤更新速率的 100 倍。只要经历 20 场这样的风暴，艾奥瓦州每公顷土地拥有的 2200 吨土壤就会所剩无几。事实上，艾奥瓦州 4% ~ 17% 的土地位于最容易受到侵蚀的位置，大部分地区没有表土，暴露出土壤母质（见彩图 6，上）。因此，尽管美国或艾奥瓦州的平均值可能不会令人担忧，但局部损失可能非常严重，会迅速剥离土壤并降低其生产力。2021 年，一项令人震惊的研究显示，在美国玉米 74
生产带，约 1/3 的农业用地已经失去了所有表土。[22]

自从农业出现以来，无论我们是否知道，人类一直都在加速水土流失。托马斯·杰斐逊（Thomas Jefferson）是美国第三任总统，是一位杰出的政治家、农民和建筑师。他也是一个矛盾的集合体。他起草了《独立宣言》，这是对人类意志和个人能动性的杰出致敬，但他一生都在蓄奴。他向美国第二任总统的妻子阿比盖尔·亚当斯（Abigail Adams）寻求政治建议，但他认为女性唯一的命运是为男人服务和养育孩子。他还是一个科学的农民，他在弗吉尼亚州的蒙蒂塞洛（Monticello）进行了大量的实验来管理其 1.25 万公顷的种植园。杰斐逊狂热地相信良好的土地管理的作用，但他却花了5年时间发明了一种新式的铧式犁，可以说这种犁比农业历史上其他任何工具造成的土壤流失都要多（见图8）。1813年，杰斐逊在一封信中写道：“犁之于农民，犹如魔杖之于巫师。它的效果就像巫术一样。”他还宣称“深耕是农业获得几乎所有好处的秘诀”。[23] 我们将会看到，他大错特错。

自公元前3500年以来，人们就开始使用犁来破土播种。在未开垦的土地上，植被可能很茂密，很难用手工工具穿透。犁在发明的最初完全由木头制作并用动物拉拽，可以翻开更多的地表用于农业发展，因此推进了农业社会的发展和生产

图8　杰斐逊的现代发明——“阻力最小的铧式犁”

照片经蒙蒂塞洛/托马斯·杰斐逊基金会授权印刷

力的提升。铧式犁在传统犁上增加了一个犁壁，可以深深插入泥土，并能抬起和翻转180度。杰斐逊的铧式犁是铁制的，如果用马耕地，会比木制的更好用。

当农业向西部迁移时，农民发现铁犁不像在东部那样好 75
用。它原本是为东部土壤设计的，但很快就会粘上厚厚的一层中西部黏重的土壤，迫使农民每隔几米就要停下来清理一次。1837年，一位名叫约翰·迪尔（John Deere）的铁匠发明了第一种钢犁，这被誉为一次伟大的进步，因为钢犁的刀刃不粘泥土，而且它比铁更结实，使农民能够犁开以前认为不适合耕种的土地（见图9）。[24] 1839年，迪尔建造了10台

图9 现代铧式犁

摄影：德怀特·西普勒（Dwight Sipler）

铧式犁，到 1842 年时已经建造了 100 台，并创建了约翰·迪尔公司，这是一家全球性农具企业，至今仍以他的名字命名。

杰斐逊对铧式犁重要性的看法在一定程度上是正确的，因为它使美国成为如今的农业强国。19 世纪，采用钢犁耕地
76 促进了中西部和大平原农作物产量的提高。从新开垦的土地上发展的农业也推动了美国其他地区的发展、工业化，形成了伴随移民探索西部大陆而来的多种文化。

犁耕也造成了悲惨的后果。它使成群的欧洲定居者向西迁移，使数百万在这片土地上生活了几个世纪的原住民流离失所。它还导致了中西部大部分土壤的流失，在随后的 200 年里可能有超过 25% 的碳流失。[25]

在开辟新土地方面，犁远远超过任何其他工具而成为首选。它的作用越来越多，包括每年春天进行翻地以便于种植，破坏作物行之间的土壤以抑制杂草生长，以及在收获后掩埋作物碎片。重复耕作会直接使土壤向下移动或离开田地，从
77 而造成侵蚀，但其最大的影响是破坏土壤结构，土块粉碎而成的小颗粒更容易在风和水的作用下移动。

是什么阻止了侵蚀呢？植物可以有效阻止土壤运动。树篱和防风带会降低耕地区域的风速。树干和茎干可以阻碍溪流的流动，增加水穿透土壤的机会，而不是从土壤表面流失。

叶冠能够降低雨滴落的速度，而且雨滴会从拦截它们的叶子上轻轻地滴入土壤。在地下，根系为水分向下流动提供了通道。土壤的结构和持水能力通过植物和细菌产生的胶质来改善。大多数植物有助于土壤健康，但世界上雄伟的森林巨人才是土壤保护的冠军。它们的根形成巨大的地下网络，滋养土壤，并将土壤固定在树下的土地中。

那么，想象一下砍伐森林的影响，比如亚马孙和印度尼西亚的热带森林，它们正以每秒大约一个足球场大小的速度被摧毁。历史上，人类用农田取代森林来种植粮食和建造住所，但在坡地上，如果农业实践使土壤暴露于侵蚀环境，就会产生灾难性后果。一些文明在遭受森林砍伐造成的大面积土壤流失后，已经崩溃或被迫放弃拥有的土地。[26] 由于原始土壤的质量、土地的坡度、天气和耕作方式的不同，裸露于地表的土壤可能在几个世纪里逐渐流失，也可能在几十年里迅速流失。那些在陡峭的、以前是森林的土地上成功生存的农业社会都是成功的土壤管理员，他们找到了固定土壤的方法。

在几个世纪前美国就开始砍伐森林了。其产生的严重后 78
果在皮埃蒙特山麓地区已经显而易见。皮埃蒙特山麓始于纽约州，横跨弗吉尼亚州和北卡罗来纳州，一直延伸到佐治亚州和亚拉巴马州。如果没有土壤保护，这个地区将不适合进行农业生产。这里陡峭起伏的山丘是由酸性火成岩形成的古老山脉的遗迹，而火成岩形成的沙质土壤并不深厚，表层土壤只有 6 ～ 10 厘米厚。森林一直保护着土壤和脆弱的生态系统，但从 1700 年欧洲人来此定居到 20 世纪 70 年代，支撑着皮埃蒙特高原山麓土壤的树木逐渐被田地取代。犁耕破坏了土壤结构，烟草等作物消耗了土壤养分。随着时间的推移，农业土地的侵蚀程度比皮埃蒙特高原山麓的未开垦地区增加了 100 倍，最终大部分表土被剥离了。一旦皮埃蒙特高原东部山麓的土地变得贫瘠，定居者就会向西迁移，砍伐更多的森林以发展农业。一波又一波移民首先进入皮埃蒙特中部山麓，然后迁徙到西部边缘的佐治亚州和亚拉巴马州，寻找更肥沃的土壤。到 1967 年，因为土壤无法继续支持农业生产，皮埃蒙特山麓的大部分农业活动基本停止。到 20 世纪末，这一地区已经大幅度退化为灌木。[27]

皮埃蒙特山麓预示的侵蚀结果，也许正在美国和世界上许多地区上演。欧洲人在皮埃蒙特山麓地区活动很久之后才在中西部定居，所以欧洲裔美国人的农业活动造成的破坏也在较晚的时间出现。例如，1850 年明尼苏达州的人口为 6000 人，而弗吉尼亚州的人口早在 200 年前就超过了这一数字。此外，中西部的表土比弗吉尼亚州的表土更深。因此，在皮埃蒙特山麓明显可见的那类荒地在中西部很罕见，也并非怪事。但据估计，自欧洲移民到来后，明尼苏达州的侵蚀程度增加了 100 倍，这表明它的轨迹可能与皮埃蒙特的轨迹相似，只是被推迟了。据估计，因农业造成的全球土壤流失每年在 750 79
亿吨和 1300 亿吨之间（是土壤发生速度的 37 ~ 65 倍），其他许多地区很可能正在重蹈皮埃蒙特山麓模式的覆辙。[28] 土壤枯竭导致土地被遗弃是另一种在全球范围内反复出现的现象。

皮埃蒙特山麓的农业史也告诉我们，从多年生植物到一年生植物的转变也会破坏土壤结构。这种情况下，种植棉花和烟草等一年生行栽作物，葬送了它们所取代的多年生树木古老、庞大的根系。一年生植物和多年生植物的生活策略不同，一年生植物在一个季节里完成它们的使命，而多年生植物在冬天休眠，然后在春天生长。一年生植物只通过种子繁殖，而多年生植物的弹性根系年复一年地生长，让它们每年春天在同一个地方获得新生，同时它们的种子可传播到其他地方。为了最大限度地发挥每一种生命策略的潜力，在生长季节结束时，一年生植物将它们的光合作用资源用于创造种子，作为它们传承的遗产；而多年生植物将能量投资于它们的根系，这个器官使它们在下个季节获得生命。森林砍伐只是剥夺来自地下的多年生植物馈赠的一种做法，这些植物使土壤结构坚固并且滋养土壤中居住的生物。

就像森林砍伐一样，将草原转变为农田，也是用一年生植物取代多年生植物。丝毫不用惊讶，这是另一种加速侵蚀的土地利用方式。广袤的大草原和曾经覆盖了世界上 25 亿公顷面积的肥沃的黑土，为不计其数的多年生植物提供了家园，这些植物每年都在地表展示它们的多样性，并作为地下生长特征的指标。[29] 正是这些植物的根系，使从春到秋的鲜花盛
80 开成为可能，如粉红色的草原流星（prairie shooting stars）、广阔宏伟的蓝色羽扇豆（lupines）、噼噼作响的橙色火焰草（Indian paintbrush）、迷人的黄色杯状花，以及数以百计的其他花草。多年生草本植物精致的流苏在夏天的微风中翩翩起舞，然后它们的叶子变成棕色和紫色的阴影，因为它们开始为根系过冬做准备。大地上的草原之美是对强大根系的丰富多彩的庆祝，它们贮藏营养以度过严冬，并在春天重新发挥作用。

多年生草本植物和豆类植物的根通常比它们的茎、叶和花都要大，这是因为它们每年都在地下扩张。例如，多年生常绿植物柳枝稷，其根系在生长的第一年占植物生物量的 50%，到第三年，其根系已经超过了枝条，占到了植物生物量的 80%，土壤剖面向下延伸超过 4 米。多年生植物的根生长迅速，每年有 30% ~ 86% 的根被替换。[30] 这种巨大的地下分支的分解造就了有机质含量丰富的深层土壤，在世界各地获得了丰富的收成。现在这些草原土壤正面临威胁。

因为植物只会将有限的碳分配给它们的器官，所以丰富的

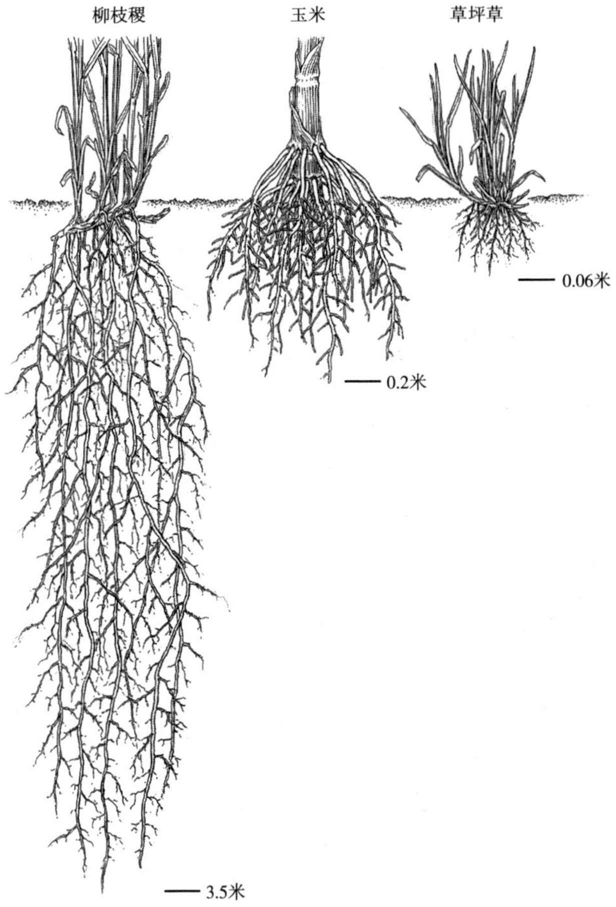

图 10　草原多年生常绿植物柳枝稷和驯化的玉米与草坪草的根

插图：博比·安杰尔（Bobbi Angell）

种子生产通常与较小的根系相连（见图 10）。当人们开始培育一年生作物以优化种子生产时，它们的根系就会进一步缩小。如今，一株典型的玉米或小麦植物的根系在生长季节只占植物生物量的 40%，在收获季节只占 3%，只留下少量的碳来补充土壤。在美国，99% 的原始大草原如今被用于农业生产，包括全国 2.25 亿公顷玉米和 1.57 亿公顷小麦中的大部分面积。[31] 正是这种转变导致了沙尘暴的发生。

82 皮埃蒙特高原山麓地区的衰落、俄克拉何马州和堪萨斯州在沙尘暴时期遭受的破坏，可以帮我们清楚认识土壤侵蚀的原因。皮埃蒙特山麓在开始时是薄层森林土壤，这些土壤因森林砍伐和种植密集的行栽作物而减少。陡峭的山坡增强了土地对水力侵蚀的易损性，一旦没有树木，脆弱的表土就会被很快带走。相比之下，俄克拉何马州和堪萨斯州的平原相对平坦，但从多年生草原植物到一年生作物的转变使土壤在 20 世纪 30 年代的干旱条件下更容易受到强风的影响。这些侵蚀悲剧诉说着同样的故事。无论是地形还是天气事件，这两种情况下的土壤退化，都可以归因于未挠动土壤上的野生多年生植物转变为根系薄弱的一年生作物以及土壤深耕的破坏作用。

考虑到在杰斐逊发明铁犁时，皮埃蒙特高原山麓地区的弗吉尼亚州部分地区已经遭受了严重的土壤退化，那么令人惊讶的是，这位致力于土地管理的科学家并没有意识到翻耕对土壤流失的影响。在颂扬耕犁优点的同一封信中，他主张在山坡上横向种植，而不是上下种植来减少水土流失，这种保护土壤的做法在今天被称为等高耕作。但他仍然固执地相信，对土地来说，他的犁只有优点，他甚至指责是“邪恶”的雨水带走了土壤。[32] 不管杰斐逊是否意识到两者之间的联系，现在已经确定的是，频繁的土地耕作加速了水土流失，使用铧式犁时更是如此。今天，杰斐逊的“遗产”因其一生的蓄奴行为而受到严重玷污。人们不太了解的是，他的铁犁是如何使欧洲裔美国人能够在中西部耕作和定居，从而与政治、经济和
军事目标一起，对许多美国原住民居住地区的土壤结构造成破 83
坏，也为 100 年后的沙尘暴埋下了伏笔。

农作物种植并不是农业导致土壤侵蚀的唯一方式。牛和其他有蹄农场动物可以完全改变它们所经过的土地，通过多种方式使土壤退化。当允许过度放牧时，牲畜会吃掉叶子，直到土壤被踩平，植物被移走，并且植物不会再生。大量的动物移动会压实土壤，使水不能渗透。随着时间的推移，植物减少，土壤变得更加干燥，也更容易发生侵蚀。缺水、植被减少和侵蚀形成了一个负反馈循环，导致生态系统出现螺

旋式下降。[33]

人们建造高楼大厦已经有很长一段时间，但直到20世纪，建筑才开始对土壤产生明显的影响，特别是在现代城市扩张阶段。随着城市化进程的推进，每年可用于农业的土地减少了160万～330万公顷，这分别相当于黎巴嫩和比利时的面积。[34] 建筑材料的选择也有重要的影响。不透水的混凝土和沥青使水无法进入地下，从而导致洪水和土壤侵蚀。

在所有类型的建筑中，没有一种类型像筑坝这样对土壤产生了如此明显的影响。河流和大坝阐释了侵蚀既是恩泽又是诅咒的悖论。虽然上游的侵蚀可能会耗尽土壤，但河流往往会在河岸和海岸沉积泥沙，在那里流入大海，从而创造了肥沃的泛滥平原，防止了海岸线侵蚀。但现在，这一过程受到了世界各地数千座大坝的威胁。

1960～1970年，阿斯旺大坝建成，用于调节世界上最长
84 河流的流量。[35] 雄伟的尼罗河从南向北流经大半个非洲大陆。白尼罗河发源于布隆迪，向北蜿蜒流经乌干达、南苏丹和苏丹。在那里它与来自埃塞俄比亚的蓝尼罗河汇合。这两条河流汇合成为尼罗河，它穿过埃及，在非洲东北海岸打开巨大的河口，流入地中海。从源头布隆迪流出的水需要3个月才能流入大海，需要穿越6695千米的路径，有时水流平缓，有

时以每秒 3 米的速度呼啸而过。尼罗河在流动的过程中不断侵蚀土地，汇集的泥沙在洪水期间重新分布到尼罗河三角洲（尼罗河两侧 2 万平方公里的区域），或流入地中海。

修建阿斯旺大坝有两个目的：一是防止困扰尼罗河三角洲农民的洪水和干旱；二是为埃及人民提供水力发电。阿斯旺大坝由一群英国工程师设计，由苏联团队建造，是人类智慧的优秀见证。大坝由岩石和黏土组成，高 111 米，宽 3830 米。大坝蓄水量为 1690 亿立方米，形成了一座名为纳赛尔湖（Lake Nasser）的水库，该水库位于大坝上方，在埃及延伸 320 千米，在苏丹延伸 160 千米。

阿斯旺大坝很老练地完成了它预定的任务，以适当的节奏排水，每年生产 100 亿千瓦时的电力，足以为埃及近一半的人口提供服务。但它也造成了一个意想不到的后果。当河水到达阿斯旺大坝时，水流停止，汇集在纳赛尔湖。当水没有流出的时候，它是静止的。没有了湍急的河流，悬浮的泥沙颗粒就会沉到湖底。结果是，98% 的淤泥没有穿过大坝， 85
而是留在了水库中，并且也不会在河流沿岸的其他地方沉积。尼罗河曾经在入海过程中每年向周围的三角洲输送 1000 万吨沉积物，在到达目的地地中海时每年输送 1.24 亿吨沉积物。现在，这些沉积物永远不会到达河岸和海岸，从而导致这些地区没有外部增援来对抗自身的侵蚀。下游的泥沙不足正在导致尼罗河的河岸后退，有些河岸以平均每年 125 ~ 175 米的速度后退。同样，尼罗河流经的地中海沿岸也在迅速后退。[36]

这座大坝还使尼罗河三角洲陷入饥荒，而尼罗河三角洲的粮食产量占埃及粮食产量的 2/3。农田需要化肥来满足曾经由尼罗河洪水贡献的 7000 ~ 10000 吨磷、7000 吨氮和 11 万吨二氧化硅。[37] 一些专家认为，因为缺乏淤泥，尼罗河不再有真正意义上的三角洲。

尼罗河并非唯一遭遇大坝困境的河流。世界上很多大河都有筑坝，如亚马孙河、黄河、哥伦比亚河、科罗拉多河和底格里斯河，用于调节水流或发电。每一座大坝都对周围的土地和居民产生了复杂的影响。在世界范围内，由于人类的干预，河流中的泥沙每年增加 20 亿吨，同时，到达海岸的泥沙减少了 1000 亿吨，因为大多数泥沙被水坝拦截。如今，全球水库 1/5 的库容被泥沙占用，约折合 1100 立方千米，全球范围内每年修复损坏的涡轮机和水力发电厂的发电损失高达 20 亿 ~ 30 亿美元。[38] 有些大坝引起了山体滑坡，有些大坝永久性地改变了下游农业，所有这些都给当地的野生生物带来了挑战和机遇。

86 从人类历史上的第一座大坝（建于公元前 3000 年前后的约旦的贾瓦大坝），到第一座水电大坝（建于 1882 年的威斯康星州的阿普尔顿），再到历史上最大的大坝（2006 年完工的中国长江三峡大坝），每一座大坝都对人类有着至关重要的影响，它们都改变了周围的景观。与大多数技术一样，社会需要权衡这些工程奇迹的好处和它们对自然世界的改变。在这个计算过程中，必须考虑土壤这个要素。

气候是驱动土壤侵蚀的自然和非自然力量的混合体。尽管有高速的风和水伴随的气候事件始终在驱动土壤侵蚀，但由于人类活动的强化，如今的气候已经发生了急剧的、非自然状态的转变。如果气候是侵蚀的自然驱动因素，那么人为气候变化则是毁灭土壤的非自然表现。这种影响因地而异。一些地区已经遭受了严重的土壤流失，而另一些地区在不久的将来才会感受到这种影响。所有的指标都表明，世界各地的暴雨将变得越来越常见，由强降雨造成的水力侵蚀将会加剧。因为雨滴分离和移动土粒需要能量，暴雨越猛烈，对土壤的影响就越严重。1964 ~ 2014 年，亚洲、欧洲、澳大利亚北部地区和北美严重风暴的发生频率不断增加。这一趋势在美国的记录中非常明显。20 世纪上半叶，美国每年强降水事件的数量集中在一个平均值附近，但自 50 年代以来，频率出现了持续而残酷的增加（见图 11）。[39] 暴雨来临的时间也有影响。在土壤犁过但还没有种植的早期和稍后阶段，土壤移动几乎没有障碍，也没有什么可以阻挡雨滴的打击。在生长季

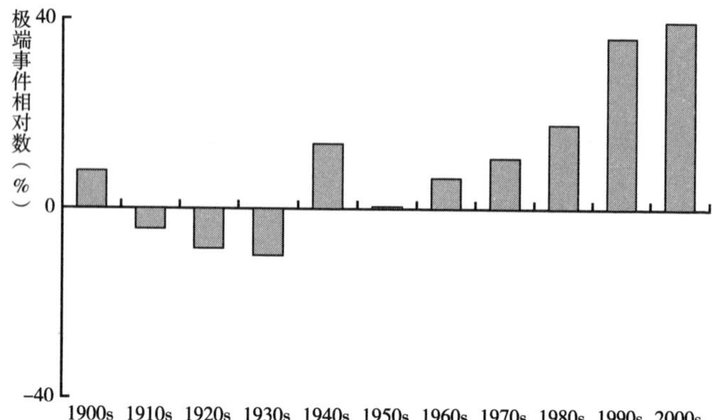

图 11　美国自 1900 年以来的强降水事件

插图：比尔·纳尔逊，改编自 J. D. Walsh et al., "Our Changing Climate," in *Climate Change Impacts in the United States: The Third National Climate Assessment,* ed. Jerry M. Melillo, Terese Richmond, and Gary W. Yohe (Washington, D.C.: U.S. Global Change Research Program, 2014), 19-67

中期，农作物最需要水而且可以保护土壤，大雨的危害会小
87 一些。但如果风暴中出现冰雹，整个作物就可能在一次毁灭性事件中损失殆尽。想象一下直径 22 厘米冰雹造成的破坏，这是 2018 年在阿根廷出现的打破世界纪录的冰雹！随着气候的持续恶劣，强烈的风暴可能会加剧，液态和固态的水将定期冲击地表，给土壤和它的管理者带来挑战。[40]

极端的湿和干、风和热的出现是气候变化的典型特征。世界上一些地区在遭受水患，另一些地区却变得异常干旱，引起另一种名为"荒漠化"的土地退化现象。自 1961 年以来，

世界上遭受荒漠化影响的人口增加了1倍，沙尘暴的发生频率急剧增加。气温升高、大幅度气候波动和一些地区降雨减 88
少，以及包括城市化在内的土地利用方式变化等诸多因素相互作用，导致荒漠化范围扩大，进而加剧了土壤侵蚀。在亚马孙雨林、巴西东北部、地中海、巴塔哥尼亚、非洲大部分地区和中国东北部，干旱加剧已成事实。[41] 随着全球变暖不可控制的继续推进，土壤侵蚀和退化必然会加剧。人类通过加速气候变化间接导致了土壤侵蚀。我们还通过对待土地的方式直接驱动侵蚀过程。

随着农民继续犁耕、城市继续扩张、气候变化中导致侵蚀的气象模式进一步加剧，更多的表土将会消失。20世纪，科学家们曾争论土壤实际上是不是一种可再生资源。面对一些地区土壤流失速度超过农业速度100倍的情况，我们不再奢望继续这场辩论。2015年是国际土壤年，联合国宣布土壤是有限的，并预测60年内将出现灾难性的损失。[42]

但是，为什么表土的灭绝会造成一场危机？当只有部分土壤流失时，这一过程的影响是什么？为了回答这些问题，我们必须探索侵蚀对地球各个要素的影响。

第六章

石质星球

想象一下，你站在一个表面布满岩石、没有气味、无法 89
维持生命的星球上。一阵风把沙粒吹到空中，遮住了明亮的
蓝天。下雨时，小溪把沙子和砾石带到沟壑，然后进入河流，
让泥沙充满河道。淤泥、鹅卵石和巨石取代了曾经赋予土地
生命力的海绵状的、芳香的表土。这是一个没有土壤的世界。

只要有森林和草原，地球上就永远有土壤来滋养，但如
果我们的大部分坡地农田失去了肥沃的表土，开始看起来如
同石质星球，那该怎么办？粮食的损失将无比巨大，美景的
损失也将不可估量。我们现在还没有到石质星球的阶段，但
侵蚀已经影响到世界各地的景观和粮食生产（见彩图 2）。随 90
着土壤流失的加剧，对全球粮食安全的威胁将不断增加，安
全之网也将出现萎缩，导致在世界上从未经历过粮食短缺的
部分地区以及那些非常熟悉粮食短缺的地区出现前所未有的
饥荒。

为了合作解决土壤侵蚀等紧迫的全球问题，我们必须首先了解粮食和土壤之间的复杂联系。粮食系统是复杂的，因

为它的部分影响远远超出了其可见范围。事实上，每个国家每个人都与地球上的其他地区和居民紧密相连，因为我们参与全球市场，分享食物，呼吸同样的空气。然而，每个农场都是独特的，都是不同变量的组合。自然环境、植物和动物以及驱动人类行为的社会力量在农场层面相互交叉，很难分离。由于土壤侵蚀的影响深远，人们不得不探讨土壤与作物种植、生物多样性、女性在农业中的作用、变化对土地所有者的影响、水坝和水力发电以及影响土壤相关政策的每个社会品质之间的相互关系。土壤问题对各国的相似影响揭示了共同的主题，而差异又揭示了各国与土壤关系的独特特征。因此，探索不同国家在不断变化的条件下土壤侵蚀的后果不再仅仅是一项科学努力。

如何衡量土壤侵蚀的影响？是利用收入损失量，还是作物减少量，还是生物多样性，还是不可再生资源的数量？联合国报告指出，80% 由水土流失引起的累积性的土地退化，
91 正在损害世界上 40% 人口的福祉，导致全球和地区冲突，并造成大规模移民。据一个包括土壤侵蚀直接和间接影响的经济模型预测，到 2037 年，全球粮食、生态系统服务和收入损失将达到 23 万亿美元，其中撒哈拉以南非洲损失的份额最大，达到 16%。如今，因土壤侵蚀而丧失的作物产量、生物多样样

性和生态系统服务占全球年生产总值的 10%。[1] 且有些损失是不可逆的。

没有土壤，农业就会停滞不前。早在土壤完全消失之前，侵蚀就会导致作物减产。据估计，土壤侵蚀已使作物产量每年减少 0.3%，这可能导致从现在到 2050 年全球作物产量的累计损失超过 10%，到 2050 年，地球将在供养 90 亿人的重压下痛苦呻吟。[2] 在那些土壤流失变成个人事务的地方，全球平均水平掩盖了侵蚀对当地的影响，正在给农民及其家庭带来毁灭性的打击。全球平均每年每公顷 13.5 吨的水土流失对农民来说毫无意义，他们的坡地正以每年每公顷 100 吨的速度被冲走，从而夺走了他们养家糊口的唯一来源。与临时租用农田的农场相比，那些梦想着将肥沃的农田传给子女的农民，可能更容易受到水土流失的困扰。

土壤侵蚀影响粮食生产的紧迫性因土壤类型而异。全球平均侵蚀速度在不同地点的表现不同，随土壤年龄、质地和深度差异而变化。但是，面对比土壤发生速度大 10 ～ 100 倍的损失，即使是最深厚的土壤也无法长期维持农业生产力。想象一下，一片肥沃黑土每公顷拥有 2200 吨表土，如果以每年 13.5 吨的全球平均侵蚀速度流失，而以侵蚀速度的 1/40 生成，结局会怎样？农作物产量将在几十年内受到影响，肥沃

92 的 O 层和 A 层表土将在大约 200 年内耗尽。如果侵蚀速度增
加到每年每公顷 55 吨，40 年后表土将不复存在。当侵蚀速度
达到每公顷 220 吨的时候，这种黑土将在 10 年内消失（见图
12）。深厚黑土就是最好的例子，因为地球上的大部分土地每
93 公顷的土壤远少于 2200 吨。但即使是美国中西部肥沃的黑土
也在受影响之列，其中 1/3 的农田已经失去了全部表土。[3]

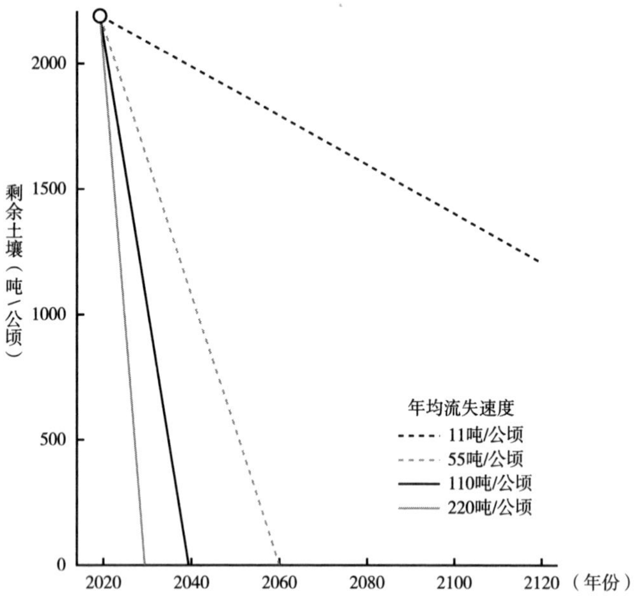

图 12　从每公顷 2200 吨表土开始预计的土壤侵蚀

插图：比尔 · 纳尔逊、马克 · G. 雪佛兰

非洲是一块农业比例很高的大陆，水土流失对粮食生产构成严重威胁。与高产的表土厚度可能有 20 ~ 150 厘米的黑土相比，非洲的土壤通常不够肥沃，也更浅薄，许多地区的表土厚度不到 10 厘米。撒哈拉以南尼日利亚的老成土通常厚度退化，只剩下薄薄的一层。对于单个农民及其家庭来说，每年每公顷损失 50 吨土壤将是灾难性的。这种情况已近在眼前。尼日利亚东南部的阿南布拉州到处是贫瘠的沟壑，这些沟壑是由土地在干湿循环期间的扩张和收缩形成的，为土壤的快速迁移提供了通道。在植被稀少地区，沟壑重塑了景观。这些沟壑已经如此巨大，以至于一位研究人员建议将其更名为峡谷。事实上，经过测量，有一条沟长度约有 3000 米，宽度达到了 349 米。因此，在阿南布拉州的一些地方，每年的土壤侵蚀速度可以达到每公顷 2200 吨，这并不奇怪！在邻近的伊莫州，侵蚀速度为每年每公顷 6 ~ 1200 吨，年平均速度为每公顷 36 吨。[4] 大约 20% 的土地以每年每公顷至少 235 吨的速度被侵蚀，这是降雨量大、坡地多和植被稀疏的结果。这意味着伊莫州 1/5 土地上的表土将所剩无几，如果侵蚀仍旧不能得到控制，作物产量将在 10 年内大幅下降。

农业生产力受到几个相互作用因素的影响，因此很难将土壤侵蚀对作物产量的影响单独列出。为了建立这种联系，一组研究人员进行了一项“去掉表土”的实验，他们在尼日

利亚的三处地点去除了表层土壤，并保持所有其他条件不变，
94 然后测量保留土壤土地的作物产量。三处“去掉表土”地点的产量都降低了，但尼日利亚恩纳港（Onne）的降幅最大。去除 5 厘米、10 厘米和 20 厘米的土壤后，玉米产量分别下降了 95%、95% 和 100%。[5] 这项研究提醒人们，土壤流失会减少作物产量。对于一个每年每公顷土地流失 2200 吨土壤的国家来说，这是一个极其重要的问题。在这样的侵蚀速度下，农作物根本无法生长。一旦土壤消失，就很难恢复农业生产力，从而导致农民放弃许多退化的土地。

在尼日利亚南部，农民报告说，洪水冲走了他们的木薯、山药和可可作物，也冲走了土壤。由于河流被沙子填满，当地的食物短缺加剧，渔民无法捕捉用作大鱼诱饵的小鱼。尼日利亚北部气候炎热干燥，生长在不健康或侵蚀土壤中的作物更容易遭受干旱冲击。随着侵蚀对景观的改变，这种影响潜入了人们的生活，威胁着人们的生计和当地经济。事实上，2018 年尼日利亚成为粮食危机最严重的八个国家之一，尼日利亚北部的土壤侵蚀可能就是原因之一。据估计，当时有 28% 的尼日利亚人遭受饥饿。[6] 过去的粮食不安全、不断增长的人口以及与博科圣地（Boko Haram）组织的暴力冲突对尼日利亚未来满足粮食需求的能力来说是个坏兆头。持续的土壤流失降低了产量潜力，限制了在最佳条件下生产的粮食数

量，并导致在最坏条件下不可避免的作物损失。

摩洛哥位于非洲西北海岸，与地中海接壤。它的文化受到来自欧洲、阿拉伯和过去 12000 年来居住在该地区的古老的柏柏尔部落（Berber tribes）的不同影响。摩洛哥的农业同样具有多样化特点，包括谷物、水果、坚果和牲畜，缓解了 95
国家的饮食和经济对单一产品的依赖。摩洛哥尽管农业结构稳定，但也面临着土地破坏危机。摩洛哥近 70% 的土地为农业用地，约一半因土壤侵蚀而退化，山区每年每公顷土壤流失 50 ~ 400 吨。气候变化加剧了摩洛哥的干旱，使小型农场的作物容易遭受损失，并被种植出口经济作物的大型企业集团吞并。尽管政府努力促进农业，但由于作物产量低，摩洛哥农业产值占国内生产总值的比重已经停滞在 12.4%。但因其地理位置特殊，摩洛哥在全球市场上具有优势，这使其成为希望在非洲发展的公司的战略中心。[7] 全球联盟的成功依赖持续的粮食生产，从而减少了水土流失。考虑到该国对干旱的敏感以及干旱可能会因气候变化而加剧的情况，联合国粮农组织选择摩洛哥作为试点，以衡量一项以稳定粮食供应为目的新的可持续粮食和农业计划的有效性。

土壤侵蚀对非洲东海岸国家构成了更大的威胁。例如，埃塞俄比亚每年损失 10 亿吨表土，导致 25% 的土地出现中度到重度的土地退化，损失约相当于农业 GDP 的 3%。在东非更南端的坦桑尼亚，60 多年来土地退化一直是最严重的环境问题，很大程度上是因为其 61% 的土地受到侵蚀影响。而位于埃塞俄比亚和坦桑尼亚之间的肯尼亚，则面临由森林砍伐、过度放牧和农业生产等原因引起的更为复杂的土壤挑战。
96 一些政治领导人表示，希望 70% 的人口拥有手机，可以随时获得有关耕作方法和可持续土壤管理方法的建议，但问题更多是因为贫困，而不是信息缺乏。肯尼亚的大部分粮食是由女性种植的，她们在土壤和如何管理土壤方面具有广泛知识，但她们往往缺乏实施最佳做法的时间或财力。许多人在管理土地和维持家庭所需的其他几项工作之间来回奔波，她们选择不可持续的耕作方式，以便把更多的时间和金钱投入家庭，这一选择不太可能被手机改变。整个发展中国家的农民都面临着类似的权衡，他们往往选择应对比水土流失更紧迫的问题。生存是世界上近 2/3 从事农业的最贫穷成年人最关心的问题，这是一项不确定的工作，不但遭受自然和经济市场变化无常的困扰，而且会造成持续的金融危机和社会风险。[8]

在最大的大陆亚洲，土壤侵蚀的影响与地形和气候一样多样。这些影响跨越了沙漠和雨林、海岸平原和世界上最高的山脉。这里土壤种类繁多，从年轻的新成土到永久冰冻的冻土再到潮湿的有机土，不一而足。亚洲的农作物种类也因地区而异。印度和中国在水稻产量上领先世界。中亚盛产小麦、棉花和甜菜，东南亚盛产玉米、咖啡、可可、茶、椰子和橡胶。亚洲大陆也因种类繁多的水果而闻名，如香蕉、菠萝、柑橘、木瓜、榴梿、荔枝和山竹，它们可以鲜食、出口和罐装保存。导致土壤流失的因素同样多种多样，但所有侵蚀实际上都有一个共同点，它能对农民、粮食供应和更广泛的经济活动造成损失。

南亚几乎有一半的农田退化，每年造成 100 亿美元的损 97
失，相当于南亚 GDP 的 2% 和农业产出的 7%。土地退化是不均衡的，随土壤类型、地形和耕作方式的差异而不同，因此平均数据并不能反映出对当地的影响。孟加拉国（占土地面积的 65% ~ 75%）、巴基斯坦（占土地面积的 39% ~ 61%）和不丹（占土地面积的 3% ~ 10%）的土地退化程度各不相同，其后果也各不相同。在孟加拉国，75% 的丘陵地区非常容易受到水力侵蚀，导致谷物生产损失达 1.4 亿美元，整体营养损失 5.44 亿美元。这些对粮食生产已经产生相当大的影响，也会因土地利用转换趋势而进一步加剧这一影响。孟加拉国每年有高达 8 万公顷的农业用地转为非农业用地，如建造房屋、道路、市场、学校和发展工业，也因此每年国内粮食产量减少了 160 万吨。[9] 尽管孟加拉国自 20 世纪 80 年代以来经历了持续的经济增长，贫困程度有所下降，但世界粮食计划署认为，孟加拉国 1/4 的人口没有足够的食物，1100 万人生活在严重的饥饿之中。鉴于目前的饥饿和孟加拉国 1974 年饥荒的可怕记忆，进一步的粮食损失对他们来说无论如何都不能接受。

不丹案例庄严地提醒我们，有必要对国家统计数据进行细致的分析。这个绿色的小王国坐落在中国和印度之间的喜马拉雅山脉东段南坡，风景宁静。不丹经常被描述为世界上最美丽的国度，以风景如画的山脉和奔涌的河流而闻名，这些河流将喜马拉雅冰川融化的水输送到低海拔地区。这个国家也因环境政策而闻名，这使它成为世界上唯一的“负碳”（carbon-negative）国家，这意味着不丹植被固定的碳比其释
98 放到大气中的碳更多。它的独特身份是不丹郁郁葱葱的森林的结果，其法律规定，森林覆盖率不能低于土地的 60%。[10]

初看起来，只有 10% 的土地退化对不丹农民来说似乎是好消息。但事实并非如此！这里农业用地稀缺，由 3.7 万户家庭种植的位于山坡上的整齐稻田梯田和一小块一小块的玉米地，大部分仅够维持生计。尽管不丹农业产值只占 GDP 的 22%，但 69% 的人口依靠土地为生。每个家庭平均拥有 1.4 公顷土地，但 60% 的家庭拥有的土地不足此数。由于土壤侵蚀主要集中在农业用地，而不丹全国大部分地区是森林，所以全国平均土壤侵蚀水平对靠山为生的贫困农场的影响被严重低估了。幸运的是，不丹政府在其环境政策中优先考虑了

土壤保护。[11]

不丹政府致力于保护其公民和其拥有的非凡生物多样性的壮丽景观，包括 105 种其他任何地方都没有的植物。不丹是唯一一个坚持用不同指标来制定和评估国家政策的国家，其评估指标是国民幸福总值而不是 GDP。其宪法遵循了大乘佛教的价值观，强调人类福祉和与自然世界共存的关系。因此，不丹的政策既能养活人口，又能保护不丹庞大的自然资源。除了为粮食生产和自身价值保护土壤之外，不丹政府还将土壤侵蚀列为国家优先事项，因为它对该国最大的收入来源——水力发电行业造成了影响。土壤侵蚀产生的沉积物会到达发电站，破坏涡轮机，该项修理费用占到总维修费用的
60%。到目前为止，遏制水土流失的政策鼓励不丹农民在陡峭 99
的山坡上修建梯田来种植水稻，而清理土地或让土地裸露数年会被严格禁止。[12] 虽然不丹的水土流失情况已经很严重，但这个小王国始终致力于保护和重建其土壤。

因其破碎、多山的地形和对农业的高要求之间的冲突，南亚赤道附近的爪哇岛（Java）引起了人们的关注。拥有 2.73 亿人口的印度尼西亚是世界排名第 4 的人口大国，其一半的农产品产自爪哇岛。覆盖了半个爪哇岛的群山并没有阻止勇敢的农民在这些火山高地上种植作物。在最陡峭的土地上，玉米和木薯因维护成本低而受到青睐，特别是当农场远离农

民村庄时更是如此。作为劳动密集型农业，水稻种植也很常见。在爪哇岛中部，平坦的土地每年每公顷有约 25 吨土壤被侵蚀，而陡峭的山地上每年每公顷有超过 200 吨土壤被侵蚀，农业土地遭受的侵蚀最为严重，每年每公顷超过 300 吨，由此造成的产量损失使 GDP 和农业经济萎缩。对于一个自 20 世纪末以来粮食产量几乎没有增长，而同时人口增长了 30% 的国家来说，这不是一个好的征兆。泥沙淤积记录表明，侵蚀与人口密度密切相关，20 世纪侵蚀程度增加了 6 倍，而爪哇岛人口也从 2800 万膨胀到远远超过 1 亿。[13] 虽然人口增长和土壤侵蚀之间的因果关系还没有建立起来，但提高粮食产量的压力往往会导致人们采用可能使土壤退化的做法。预计到 2050 年，印度尼西亚人口将增长 22%，因此整个农业系统将面临巨大压力。随着人口压力的增大，许多小生产者的贫困状况可能会恶化，这反过来又会使其采用更多破坏土壤的
100 耕作方式。土壤很可能是印度尼西亚预计的人口增长的牺牲品，小型农场更是如此。

小规模生产或采集食物的小农是最容易受到土壤侵蚀影响的。小农场占印度尼西亚农民的 93%，主要种植水稻、玉米和木薯，以及咖啡、茶、香料、水果和蔬菜等经济作物。值得注意的是，种植的如此多的农作物是在人均 0.6 公顷的

农场上完成的。全世界有 15 亿小农，他们靠人均不到 10 公顷的土地谋生。他们以农民、牧民和护林员的身份工作，管理着亚洲和撒哈拉以南非洲 80% 的农田。小农是世界上最贫穷的农民之一，少量的土地支撑着生活在贫困线以下的家庭。在可以摧毁作物的自然灾害面前，在切断粮食供应的武装冲突面前，在不可预测的供求关系和日用品波动引起的世界市场变幻莫测的冲击面前，小农经常是最先受到冲击的群体。[14]

女性占到全球农业劳动力的 43%。在撒哈拉以南非洲，女性生产了 80% 的食物，但传统和法律往往阻止她们拥有土地，她们取得农耕机会的唯一途径是通过男性。女性通常也很少有非农就业机会，这使她们更容易受到天气、土壤耗竭和战争造成的经济困难的影响。[15] 随着食物越来越短缺，女性将承受不成比例的重担。土壤侵蚀对粮食生产的影响将波及每个人，甚至会把一些地区变为废墟，使许多女性的生计受到威胁。

全球小农场的优势意味着小农的福祉对全球粮食稳定和
土地管理至关重要。小农是农作物珍贵的遗传多样性的守护 101
者。世界上 75% 的食物来源于 12 种植物和 5 种动物，大规模的农业系统经常会选择这些物种中高度近亲繁殖和统一的物种，这一过程会导致基因库萎缩。相比之下，小农倾向于从较少的高度繁殖的当地品系中选择和种植，这些品系保留了它们在进化中形成的与野生亲缘相关的部分遗传多样性。随着农业系统面临更多挑战，这些基因库很可能成为全世界育种者所渴望的性状的来源，包括耐旱性和抗病性，这将保障在气候变化过程中作物和牲畜生产。[16] 当小农终结了他们的农业奋斗时，遗传资源可能就会丧失，因为他们种植的有些植物中有价值的基因可能在该物种的其他任何成员中都无法找到。

再看地球的西部，我们还发现土地退化正在侵蚀经济。乌克兰是欧洲第二大国家，国土面积巨大。欧洲最贫穷的国家拥有世界上最肥沃的土壤，这也是一个悖论。乌克兰 2/3 的土地（约 2800 万公顷）被世界上最黑的土壤所覆盖，这里分布着世界上 1/3 的黑钙土（在俄语里是黑土的意思）（见彩图 5，上）。[17] 黑土非常特别，它的有机层可以深达 1.5 米，创造了地球上最肥沃的土地，支撑着传说中的农业生产力，乌克兰被称为“欧洲粮仓”。黑钙土横跨整个国家，是欧洲粮食和土豆产量最高的地区，也是世界葵花籽的主要产地。春天，明亮的绿芽在黝黑的土地上出苗，接着是茂密的绿色玉米、蓝色的大麦、灿烂的黄色向日葵向无边无际的地平线延伸。
102 秋天，当农民在当地或通过世界市场出售谷物和其他粮食时，棕褐色和棕色的农产品就变成了黄金。优越的地理位置使乌克兰成为俄罗斯和欧盟的主要食品进口国，其沿黑海的深港为进入中东和北非市场提供了通道。

对于那些敬畏土壤的人来说，乌克兰是一个受人尊敬的目的地。很少有人见过有着150厘米深的黑色表土的土地，它的丰富性表现为非凡的颜色和土臭素的暗香。在很长一段时间里，人们普遍认为巨大的切尔诺贝利是无懈可击的，而且从某种意义上说它能抵御任何冲击。这种误解延缓了保护土壤的行动。乌克兰切尔诺贝利的黑钙土（见彩图5，上）比世界上的大多数地方都多。因此它可以失去的黑钙土更多[18]，也的确失去了，而且是以一种足以引起抗议的速度（见彩图5，下）。

每生产1吨粮食，乌克兰就会损失10吨的黑钙土，农业每生产1美元，其中1/3就是因侵蚀引起的土壤价值的损失。该国的农业土地每年被剥离的黑土合计达5亿吨，这已经开始使农作物产量出现高达50%的减少（见彩图5，下）。失去伟大的切尔诺贝利黑钙土以及随之而来的超级粮食生产国的危机引发了国际社会的担忧。国际社会团结起来，并于2019年成立了“乌克兰土壤伙伴关系”（Ukrainian Soil Partnership）组织，目标是在2030年前保护乌克兰土壤并消除乌克兰的土地退化。该组织为农民和科学家提供培训，并在示范田里播种，以说明最佳的土壤保持措施。[19] 如果这一努力失败，不知道切尔诺贝利的黑钙土还能维持多久？也不知道乌克兰欧洲农业强国的地位还能保持多久？

103 乌克兰并不是唯一一个拥有与食物和收入一起被冲走的黑土的国家。拥有 2 亿公顷黑土的美国，自从欧洲殖民者到来后，土壤一直在流失。几十年来，研究人员一直试图估算土壤侵蚀的代价及其对农业的影响，但发现很难将土壤侵蚀的影响与导致产量和利润变化的所有其他因素区分开来。1933 年，美国每年的损失估计为 30 亿美元，相当于今天的 580 亿美元，60 年后每年损失和预防措施的综合费用约为 440 亿美元。[20]

土壤的成本可从几个方面增加。在被侵蚀的土地上，营养损失、产量减少、土地贬值和生物多样性丧失都必须在成本估算中加以考虑。还有场地外的侵蚀成本，包括泥沙沉积、洪水、水处理需求、食品价格上涨和气候变化加剧。[21]

美国最严重的侵蚀发生在中西部，而宝贵的黑土也集中在那里。正是在白宫与土壤科学家里克·克鲁斯就艾奥瓦州的水土流失问题通电话时，我才开始意识到，水土流失实际上是一场缓慢发酵的美国国家危机。艾奥瓦州案例说明了水土流失对美国的影响。在被耕种前，位于美国中西部大草原的黑土，一直支持着艾奥瓦州的密集种植和粮食高产。艾奥瓦州生产玉米、大豆和猪肉，农业收入在美国 50 个州中排名第二。艾奥瓦州每年约出口 110 亿美元的农产品，在世界舞台上扮演着重要角色。[22] 如果把艾奥瓦州当作一个国家，它将是全球第四大玉米和大豆生产国。

尽管艾奥瓦州的土地坡度相对平缓，但该州已经失去了
足够多的土壤，产量下降令人不安，对未来的预测也暗淡无 104
光。2007 年，艾奥瓦州报告说，400 万公顷土地的表土流失速度为每年每公顷 11 吨，另外 240 万公顷土地的表土流失速度是其 2 倍。艾奥瓦州和乌克兰的土壤侵蚀量大致相同，但艾奥瓦州的表层土壤深度不到乌克兰的 1/10，而且与其下层土壤更为接近。事实上，由于表土的侵蚀，整个艾奥瓦州许多地方已经能够看到裸露的母质（见彩图 6，上）。总的来说，艾奥瓦州的年侵蚀速度大致相当于世界平均水平，是土壤发生速度的 10 倍。更令人不安的是，有 20 万公顷土地每年每公顷土壤流失量为 55 吨，有 5.5 万公顷土地每年每公顷土壤流失量高达 220 吨。如果不进行干预，这片土地将在 40 年甚至更短的时间内失去表土。即使在没有完全流失之前，随着土壤肥力和厚度的减小，作物产量也会下降。艾奥瓦州因水土流失而造成的经济损失正在增加，预计 10 年后将达到 3.15 亿美元，15 年后将达到 7.35 亿美元。作物减产和土地侵蚀本身一样分布并不均衡。在经济安全方面，每年每公顷损失 50

吨土壤的农场，将比那些只有轻微侵蚀的农场遭受更大的损失。农业在世界上大部分地区是不稳定的行业，艾奥瓦州也不例外。艾奥瓦州农业的利润率为 4% ～ 13%，即使是很小的产量损失也会破坏农场的财务稳定，巨大的损失更是无法维持的。在包括美国中西部在内的许多地区，土壤深度似乎是影响产量的因素。俄亥俄州的一项研究报告称，除去最上面 20 厘米的土壤会使玉米产量减少 50%。产量对土壤的依赖使得艾奥瓦州那些遭受侵蚀的农场前景黯淡（见彩图 6，下）。[23]

不幸的是，艾奥瓦州的侵蚀速度只有增加的可能。过去 70 年的气候变化趋势显示，暴雨频率在稳步增加，未来几十年暴雨很可能还会加剧。猛烈的暴雨将使艾奥瓦州的土壤
105 更快地从山坡上流出，很可能使该州的平均侵蚀水平上升，并让艾奥瓦州因黑土减少无法维持作物生产的那一天早日到来。[24]

在美国中西部，土壤侵蚀不仅仅影响农作物产量。诸如河道污染和饮用水污染等异地影响，不但有经济损失，还有环境损失。被侵蚀的土壤和可溶性营养物质从中西部地区的农田流入由细沟、沟壑和溪流组成的网络，最终汇入密西西比河。密西西比河蜿蜒跋涉，从明尼苏达州起源，经过艾奥瓦州、威斯康星州、伊利诺伊州和密苏里州的北部农业区，向南穿过阿肯色州、田纳西州、密西西比州和路易斯安那州，

在它不可阻挡地向大海移动的过程中，这个庞然大物从农场径流中收集营养物质或与土壤颗粒结合。当它汇入墨西哥湾时，河水已经变成了棕色，充满了淤泥以及氮素和磷素。营养物质导致藻类数量激增，破坏了生态系统。接下来的情况还要更糟。藻类进行光合作用时产生氧气，但在它们死亡并被氧气消耗速度惊人的微生物吞噬时，其他好氧生物的氧气严重不足。今天，由密西西比河补给的海湾地区是所有海洋中最大的无氧或缺氧区之一，覆盖的面积大致和以色列、伯利兹或吉布提相当。

墨西哥湾的缺氧区破坏了当地价值近 10 亿美元的捕鱼业。仅 2017 年一年，美国环境保护署（EPA）的补救措施累计成本就高达 650 万美元。自 2008 年以来，EPA 一直致力于防止营养物质进入密西西比河，并减小这些物质的影响。尽管 EPA 正在与从明尼苏达州到墨西哥湾的农民、部落领袖和大学合作，开展减少径流和侵蚀的项目，但并没有缩小缺氧区的面积。EPA 最初的目标是到 2035 年将缺氧区面积从 1.8 万
平方千米减小到 5000 平方千米，但到 2017 年，该区域扩大 106
到了 2.2 万平方千米。科学家们预测，要实现这一目标，每年需要 27 亿美元的投入。[25]

在美国，最明显的侵蚀发生在海岸线和湖岸。猛烈的暴雨和上升的海平面导致加州海岸的悬崖坍塌，威胁着人民的

生命和财产。汹涌的海浪经常把楠塔基特岛、罗卡韦群岛和中大西洋地区各州的海滩大片大片地冲走，海岸线每年后退20米之多。在内陆，密歇根湖在2018年和2019年达到了高水位。同样强烈的风暴侵蚀了美国中西部地区的土壤，其所产生的创纪录的波浪正在破坏密歇根湖沿岸脆弱的生态系统，如印第安纳沙丘国家公园，它是美国十大生物多样性国家公园之一。[26] 水岸侵蚀产生的视觉上的戏剧效果会形成引人注目的新闻故事，提高了地方和国家对这一紧迫威胁的关注度。然而，农田土壤侵蚀一直在悄然而稳定地持续着。它没有引起公众的注意，但有着同样的致命威胁。

穿过赤道，我们到达了南美洲，预计在未来几十年里，这个大陆的侵蚀速度增加得最快。南美洲68%的土地已经受到影响，2.59亿公顷的森林被砍伐，7000万公顷的土地面临过度放牧，阿根廷和巴拉圭多达一半的土地遭受着沙漠化破坏。玻利维亚是内陆国家，77%的居民生活在土地退化地区，这是一个特别令人不安的例子。长期以来，传统的农业技术一直保护着玻利维亚山坡上的土壤，那里的原住民在南美洲国家中所占比例最高，但农村居民向非农业就业的趋势导致了劳动力短缺，必须减少劳动密集型的作物管理措施，这加速了土壤侵蚀。虽然玻利维亚60%的旱地正在以每公顷5吨

或更慢的速度被侵蚀，但多达 6.4% 的土地每年每公顷损失达 107
50 ~ 500 吨。很少有社会能够承受如此巨大的损失，如果不加以阻止，这些土地将在几年内被淘汰。[27]

在巴西，对生物能源作物的需求间接危害了土壤。巴西有 3200 万公顷土地每年每公顷土壤流失量达 20 多吨，已经被指定为水土流失热点地区。在混交林和家禽、猪肉生产中心的南部地区，气温上升及其诱发的高侵蚀性降雨，都会导致侵蚀加剧。由于农业贡献了 GDP 的 22% 并支持了 1/3 的全国就业，农业已经成为巴西经济的支柱产业。巴西出口到中国、美国、欧盟等经济体的产品多为牛肉、大豆、咖啡、橙汁等农产品或商品。虽然农业扩张促进了国家经济的发展，但它对土壤的影响却是破坏性的。卫星图像显示，2000 ~ 2014 年，巴西的大片牧场被大豆、甘蔗和玉米取代，集约化种植的土地面积几乎翻了一番。据估计，这三种作物引起的土壤侵蚀占巴西农业活动造成的侵蚀的 28%。用于生物能源工业的甘蔗生产问题尤其严重，这是因为土壤裸露加之重型机械翻耕（使土地变得紧实）使得径流增加和侵蚀加剧。如果巴西要跟上全球对生物能源替代化石燃料日益增长的需求，农民就必须恢复土壤。农民在种植甘蔗时每年补充养分的花费高达每公顷 6 美元，巴西一些州每年要支出超过 2 亿美元来解决土壤流失问题。[28] 大量使用化肥可以暂时提高产量，但不久之后，化肥对土壤的破坏将导致作物产量降低。

随着全球土壤侵蚀的加剧，许多国家可能同时出现作物
108 减损危机，造成前所未有的粮食匮乏。历史上，在农作物歉收、自然灾害或武装冲突后的粮食短缺时期，各国都依赖国际粮食援助。粮食援助项目是建立在某些国家永远拥有大量的粮食储备库存这样一个前提之上。而这个前提可能不会再有。

土壤流失使更多的人更接近粮食不安全的边缘。据估计，全世界每年有1000万公顷被侵蚀的农田被农民抛弃，全球粮食系统处于警戒状态。2014年，联合国粮农组织一名高级官员基于历史趋势，预测世界土壤将在60年内耗尽。其中包括了在过去40年中地球上1/3的可耕地损失，主要表现还是继续使用翻耕，大多数国家的土壤侵蚀速度持续增加，以及恶劣天气的发生频率增加等。在未来30年，我们有多大可能使农业产量翻一番用以养活90亿人口？[29]

20世纪，农作物产量稳步上升。哈伯–博世合成氨法使农民能够负担得起并容易获得氨肥。20世纪20年代，科学家们发现，同一物种的不同植物之间的基因杂交可以通过一种被称为杂交活力的现象获得更高的产量，在这种现象中，后代植物的产量高于其亲本中的任何一个。几十年的集约化作

物育种已经培育了部分具有优良性状的植物品种，如高产、
抗病和可以促进机械化农业设备使用的统一的植物结构。20
世纪 60 年代到 80 年代的绿色革命将育种、化肥和灌溉的力
量扩展到发展中国家，使作物产量提高了 300%。在整个 20
世纪，在世界上大多数主要作物的产量稳步增长之后，农学
家和农民开始期望频繁引进新品种和先进的管理方法来提高 109
产量。如果过去 30 年为预测未来 30 年的作物产量增长提供
了良好的基础，那么我们能否在 2050 年实现粮食安全？在过
去的 30 年里，育种专家和农学家在印度实现了水稻产量 50%
的增长，在美国实现了玉米产量 50% 的增长。[30] 所有主要大
宗粮食作物的类似增长，将使产量水平更接近于满足全球热
量需求，尽管它们仍无法实现到 2050 年比 2020 年产量多 1
倍的预期目标。

然而，警示性的证据表明，一些主要粮食的产量可能不会继续呈上升趋势。在世界范围内，1/3 种植水稻和小麦的地区，以及 1/4 种植玉米的地区，产量已经趋于稳定。尽管在最好的条件下水稻产量有所提高，但在饮食上最依赖大米的国家，其产量并没有继续保持一致增长。在中国、印度和印度尼西亚分别有 79%、37% 和 81% 的水稻种植区，产量已经趋于稳定，在中国和印度的部分地区甚至出现了下降现象。同样，在中国、印度和美国这三个最大的小麦生产国，以及澳

大利亚和整个欧盟，有 1/3 ~ 2/3 的小麦种植区，产量停滞不前。在法国 1/4 的农田中，小麦、大麦、燕麦和向日葵的产量自 1990 年以来基本不变。与此同时，英国的小麦产量在 20 世纪 90 年代开始下降，此后一直没有变化。[31] 产量不能再提高是由气候变化、土壤退化造成的温度上升以及干旱的综合作用造成的，从而导致肥力下降、盐渍化和干旱敏感性。虽然水土流失只是这个等式的一部分，但未来对全球粮食系统的需求，要求我们必须优化作物生产的各个方面。如果传统的植物育种或更新的基因工程技术不能在这些高原地区提高
110 作物产量，要实现养活 90 亿人的目标，保护土壤而不是浪费土壤所带来的压力将会增大。

土壤侵蚀会影响国际粮食援助。纵观历史，人们一直通过分享食物来缓解饥饿，这一传统形成了单一的联盟，直到 20 世纪，粮食援助才成为一种协调一致的行为。19 世纪 40 年代，整个爱尔兰的马铃薯作物遭受了多次灾难性的减产，原因是原生植物疫霉菌的感染和几年来异常潮湿、凉爽天气的出现。小麦和其他谷物没有受到这种疾病的影响，所以英国人要求将剩余的作物作为土地税来支付，这使得爱尔兰遭受了严重饥荒，有 100 万人因此丧生。澳大利亚、中国、印度和美国贵格会教徒都捐赠了食物和资金。出乎意料的是，爱

尔兰人还收到了来自美国原住民乔克托族（Choctaw）170 美元的捐款。这份礼物尤其令人感动，因为当时乔克托部落刚刚被驱逐出自己的家园，正在与极端贫困做斗争。也许是因为他们受到的美国政府的对待，让人产生了一种爱尔兰人被英国人迫害而有的亲切感。爱尔兰人在科克郡建造了一座纪念碑来纪念乔克托族的善良，该纪念碑由 9 根金属羽毛组成，每根羽毛都超过 6 米高，排列成一碗食物的形状。多年后，爱尔兰人也回赠了美国原住民，在 2020 年新冠疫情发生后向美国原住民提供了援助，这场疫情摧毁了多个原住民社区。[32]

现代粮食援助的历史始于 1953 年联合国粮农组织的一次国际会议，当时几个国家正在经历粮食短缺危机，而美国正在通过积累产生盈余。1962 年，联合国通过一项决议，成立了世界粮食计划署，建立了由美国、日本和西欧几个粮食捐赠国家组成的多边伙伴关系，加拿大和澳大利亚最终也加入 111
了该组织。自 20 世纪 50 年代以来，几乎每年都有数十亿吨食品捐赠给食物短缺的国家。这些捐赠对 20 世纪 60 年代的印度和比夫拉，70 年代的萨赫勒地区和柬埔寨，80 年代的埃塞俄比亚和莫桑比克，90 年代的卢旺达、洪都拉斯和索马里，21 世纪初的厄立特里亚、埃塞俄比亚、孟加拉国、阿富汗、格鲁吉亚和朝鲜，2014 年的叙利亚和南苏丹，以及其他许多国家都至关重要。[33] 尽管粮食援助项目并不完善，受到分配不公、效率低下、自身利益、营养平衡和政治干预等挑战的困扰，但它挽救了许多生命。在干旱和洪水、飓风和海啸等自然灾害摧毁作物和粮食储备，以及武装冲突阻碍获得粮食期间，在没有其他食物的情况下，粮食援助项目使数百万人获得了食物。

由于资金减少和需求增加，协调世界粮食计划署的联合国被迫做出艰难的选择。2017 年，粮食援助项目获得了 68 亿美元资金，但需要 91 亿美元，因为索马里、叙利亚、南苏丹、尼日利亚东北部、乌克兰和也门同时出现粮食短缺，也门有 8.5 万名儿童在三年的战争中死于营养不良。[34] 随着世界人口的迅速增长和日益紧张的全球粮食系统，在干旱、内战和洪水交汇的年份，粮食援助可能完全不足以避免饥荒。土壤侵蚀可能是限制粮食援助项目获得粮食的一个因素。

其他因素也在挑战那些一直是国际粮食援助壁垒的国家的农业。在过去的 70 年里，美国贡献了全部粮食援助 50% 的份额，因此其农业生产力对受援国具有直接的影响。美国农
112 业已经开始进入粮食储备不足的时期。例如，2008 年，美国小麦库存从保持了几十年的足够维持三个月的水平下降到只有 24 天的供应能力。日益频繁的强暴雨——导致每公顷土地有 50 吨土壤被侵蚀，正在破坏美国中西部地区农业长期产生的安全感。只要经历几次这样的风暴，就可以在短短一年时

间里带走艾奥瓦州一块普通田地10%的土壤。如果这样的情况成为常态，表土可能很快就会减半，到那时作物产量将严重受损。严重的暴雨还将导致更多的洪水，进一步降低作物产量。气候变化给美国部分地区带来极端高温，在水果和蔬菜作物产量方面产生了压力，并加速了西部缺水各州的荒漠化。[35] 如果粮食储备被耗尽、更多的土地出现退化，美国还能继续提供国际粮食援助需要量的一半吗？

其他地方的情况也并不一定稳定。国际粮食援助的另一个主要贡献者加拿大，每年也在遭受数十亿美元的损失。为国际援助做出贡献的几个欧洲国家经历了令人震惊的土壤侵蚀，估计使其国内生产总值损失10亿～200亿美元。根据最近表明气候持续变暖的趋势和模型，美洲和欧洲将遭遇暴雨袭击，农田将被淹没，而亚洲和非洲的农作物将因干旱而枯焦。粮食系统的这些不可避免的压力因素意味着，即使在最好的年份，粮食供应也会捉襟见肘，价格也将上涨。[36]

土壤侵蚀与产量峰值的结合、农业用地的转变，以及人口的增加，都使粮食充足这一期待的前景变得非常暗淡。当气候变化再加上暴雨，前景就更加糟糕。在一个全球粮食市场、气候和冲突联系在一起的世界里，地球上的每位公民都应该受到关注。

第七章

气候—土壤二重奏

在这场千年之舞中，气候和土壤一直是亲密无间的伙伴。113
两者都可以作为引领者，也都可以作为跟随者。随着伙伴们的旋律，气候重塑土壤，土壤也在重塑气候。最糟的情况是，两者都是破坏性的：土壤流失加速了气候变化，而气候变化反过来又加剧了土壤侵蚀。而最好的情况则是，两者和谐相处，同时促进土壤健康和气候稳定。今天，人类处于一个独特的位置来恢复这两者的和谐。气候—土壤双人舞的核心动态揭示了一些昏暗但充满希望的东西。土壤会导致气候变化，但它也可以用来阻止气候变化。

———— 114

在历史上气候危机的大部分时间里，解决方案集中在减少碳排放、寻找清洁能源替代品、保护雨林和种植更多的树木上。这些都是合理的建议，但它们忽视了大气碳的一个重要来源和最大的陆地碳汇是土壤。植物碳向大气的流失已被广泛讨论，但同一生态系统中的土壤碳却很少被提及。联合国政府间气候变化专门委员会（IPCC）每四年发布一次关于气候的明确事实，在早期报告中几乎只用了一段话来讨论土壤，但在 2019 年，IPCC 发布了一份题为《气候变化与土地》（*Climate Change and Land*）的报告，重点关注土地 - 土壤的相互作用、荒漠化和土地退化问题。[1] 探索土壤在气候变化中的作用的时刻到来了。需要探索的问题是气候变化本身的性质、土壤对温室气体排放的贡献，以及土壤吸收碳的潜力（见图 13）。

温室效应让地球环境适合生命生存。如果没有环绕地球的气体留住原本会流失到太空中的热量，地球将会被冻

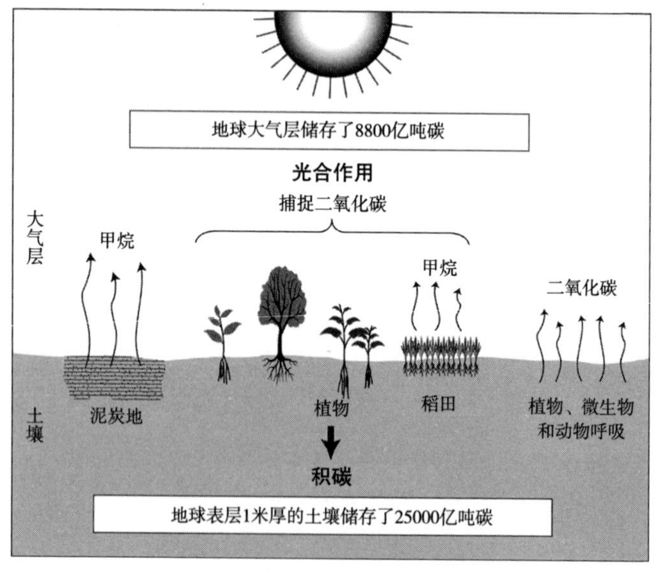

图 13　土壤在全球碳循环中的作用

插图：比尔·纳尔逊

结。但是，温室气体加速积累导致的温室效应加剧是大问
题，因为更多的温室气体意味着更多的热量被吸收，这会使
全球温度迅速升高，威胁到陆生和水生生物。温室气体在大
气中不断积累，使地球表面进一步变暖。自前工业化时代以
来，全球气温已经上升了1℃，科学家们预测，气温上升超过
1.5℃将带来灾难性的后果。按照目前温室气体积累的速度，
2030 ~ 2052年气温上升将突破1.5℃的门槛。地球上的部分
地区已经被气候变暖摧毁。北极的平均气温上升速度是全球
其他地区的2倍，这种现象被称为北极放大，它会导致极地冰
盖融化，海平面上升，栖息地消失。不断上升的海平面减少 115
了裸露的陆地，侵蚀了海岸线，淹没了岛屿。随着海洋系统
的升温，在物种丰富的珊瑚礁和北极热点地区，生物多样性
将丧失，全球渔业受到威胁。在热带地区，气候变化提高了
白天的温度，从而导致干旱，并致使动植物出现热胁迫。中
纬度地区的温带气温预计将上升约3℃，从而导致更多野火、
荒漠化和水资源短缺。

2019年，所有主要温室气体的浓度都达到了创纪录的水
平，其中包括二氧化碳，达到了409.8 ppm（parts per million，
百万分之一），这是80万年冰芯记录的最高水平。2019年7
月是自19世纪80年代有记录以来最热的月份，而2020年追 116
平2016年，成为有记录以来最热的一年。2019年北半球湖

泊的冰层覆盖时间比 1981 ~ 2010 年的平均时间缩短了 7 天，高山冰川连续 32 年持续减少，海平面再创新高。[2]

新的气候将加剧本来就会发生的自然灾害，并导致其他原本不会发生的自然灾害。超强风暴、热浪、地震、干旱和海啸正成为地球天气的常见特征。2020 年的天气快照显示，巴基斯坦和希腊发生了洪水；美国东南部出现了多次飓风，其中一次风速达到了前所未有的水平；美国西部严重干旱；雅加达迎来了 24 年来最大的降水量，紧接着是一场印度尼西亚经历过的最严重的干旱。在未来的这个世纪，极端情况发生的频率可能会上升到史无前例的水平。IPCC 预计，到 2100 年，地球表面温度将上升 0.3 ~ 4.8℃。随着气候的变暖，海平面将上升 20 ~ 100 厘米。据预测，伴随这些变化，世界许多地区的平均降水量将增加 10% ~ 30%，而其他地区的平均降水量将按照类似幅度减少。[3]

气候变化将以多种方式增加洪水泛滥事件。随着土地变暖，更多的水从土壤中蒸发，为暴雨提供更多水汽。温暖的空气携带更多的水，于是有更多的水在暴雨中倾下，而更极端的暴雨输送水的速度要比土壤吸收水的速度快，洪水就此产生。更热的大气和更温暖的海洋可以加快热带风暴的速度，有时甚至能将其升级为飓风。随着海平面的上升，更多地区由于严重的洪水变得更为脆弱。研究人员预测，2060 年海平

彩图 1　新成土土壤剖面（左）及灰化土土壤剖面（右）

美国农业部自然资源保护局（左）、Dahlhaus Kniese/ Alamy 股票公司（右）提供

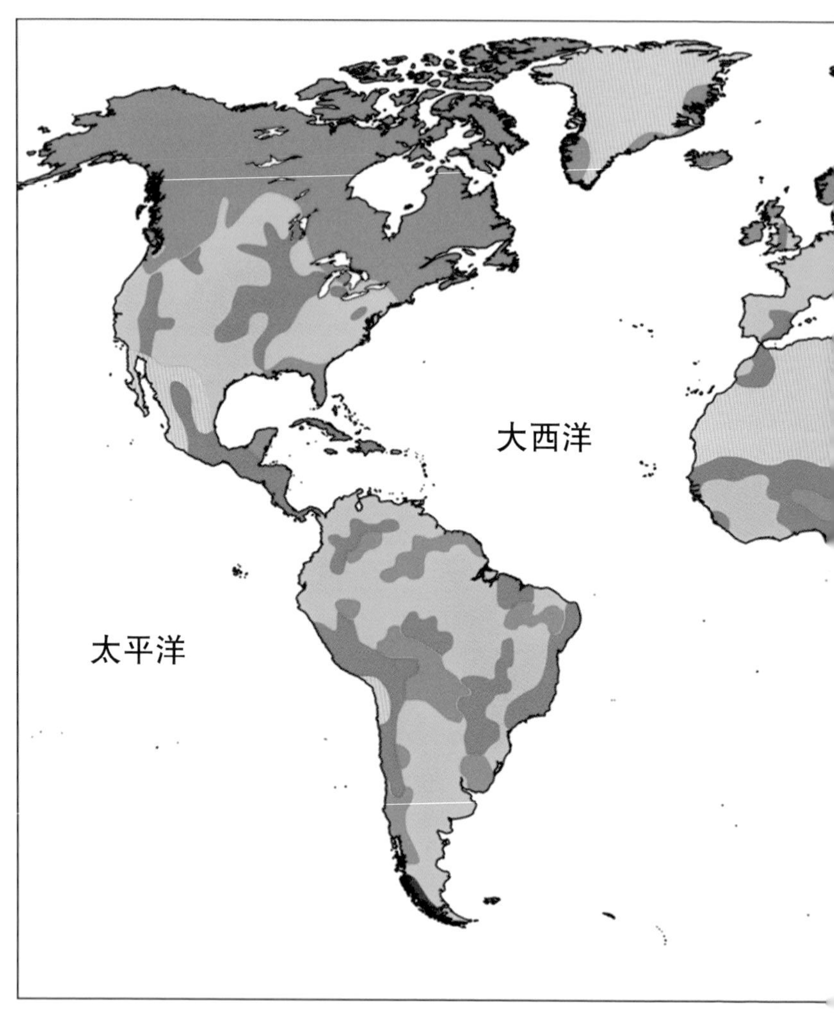

彩图 2　世界土壤退化地图

插图：比尔·纳尔逊，基于 1997 年 GLASOD 研究数据绘制（Philippe Rekacewicz, UNEP/GRID-Arendal，https://www.grida.no/resources/7424）

注：此图系原书插附地图

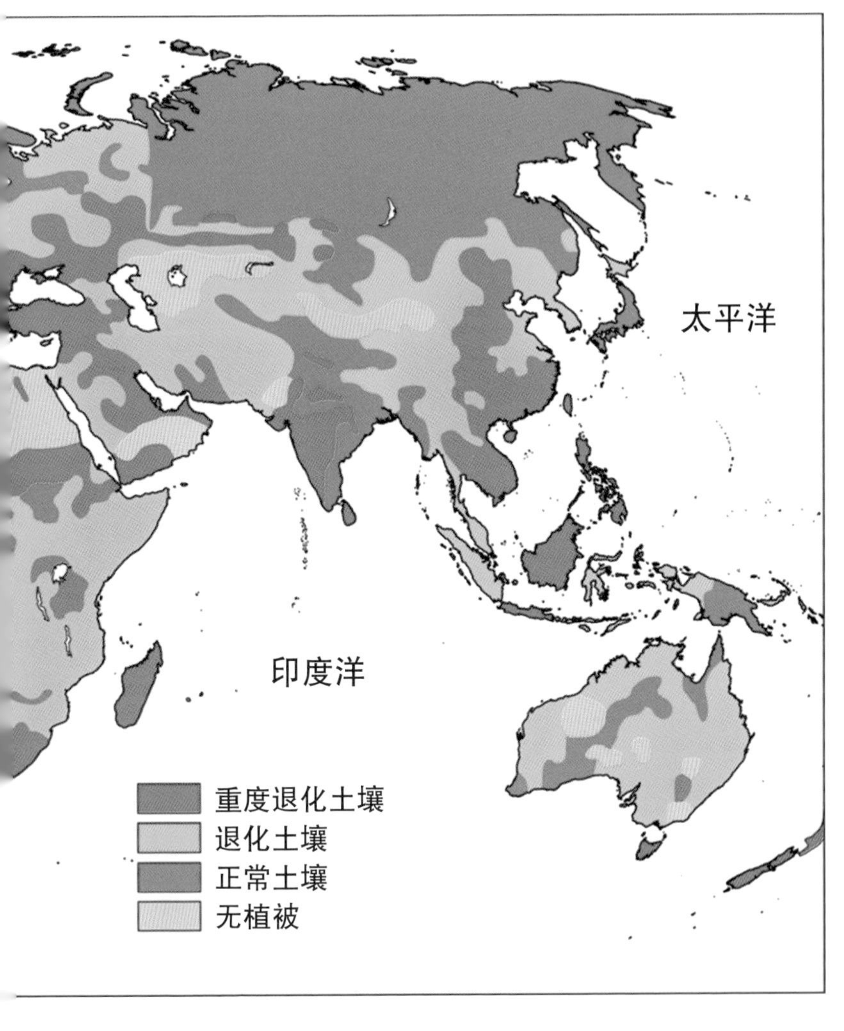
太平洋
印度洋
重度退化土壤
退化土壤
正常土壤
无植被

彩图 3　新西兰怀阿普河的侵蚀沉积物（1999 年）

诺埃尔·特拉斯特拉姆（Noel Trustrum）博士拍摄，

新西兰 Landcare Research 研究所提供

彩图4　带着泥沙从瓦莱流入日内瓦湖的瑞士罗纳河（上）；2019 年 4 月刚果民主共和国金沙萨的城市沟壑（下）

拉玛（Rama, 维基媒体共享，上）、马蒂亚斯·范梅尔克（Matthias Vanmaercke，下）拍摄

彩图 5　乌克兰切尔诺贝利黑钙土地区最近种植的田地（上）；乌克兰严重的土壤侵蚀（下）

切尔诺贝利黑钙土是世界上最深的土壤之一，表层土可达 1.5 米。安东 · 彼得鲁斯（Anton Petrus，上）、Yurikr Megapixl.com（下）拍摄

彩图 6　艾奥瓦州北部的侵蚀显示出表层土壤完全被侵蚀的沙质凸起（浅色母质）（上）；艾奥瓦州大草原植物条带种植（下）

林恩·贝茨（Lynn Betts）拍摄，美国农业部提供（上）；奥马尔·摩卡多（Omar de Kok-Mercado）拍摄，艾奥瓦州立大学提供（下）

彩图 7　越南西北部延白省木仓柴区的梯田

Tzido-Freepik.com 提供

面将上升 0.5 米，那时澳门海啸的出现频率将增加 1 倍。预
计到 2100 年，海平面将上升 1 米，危害将增加 4.7 倍。在亚 117
洲主要城市所在的大型三角洲地区，洪水的风险将在未来 50
年急剧上升。考虑到这些城市中心的人口增长规模，估计到
2070 年受到这类洪水伤害的人口将增加 10 倍。[4]

自然灾害给全球农业系统带来了压力，降低了粮食产量，增加了人道主义援助的需求。2001 ~ 2016 年，美国将非紧急粮食援助预算削减了 50%，并将紧急援助预算增加了 50%。而这一时期发生了现代史上最严重的自然灾害。2004 年，东南亚海啸夺走了 20 万人的生命，致使 170 万人流离失所。美国是世界粮食计划署的最大捐助国，该计划署耗资 1.85 亿美元，为 200 万人提供了 16.9 万吨粮食。飓风“米奇”过后，美国向洪都拉斯提供了价值 6700 万美元的粮食援助。尽管 2006 ~ 2016 年美国粮食援助的年度预算为 25 亿美元，但据估计，全球紧急粮食援助的资金缺口还有 13 亿美元。如果自然灾害的发生频率如气候变化所预测的那样增加 2 ~ 4 倍，那么美国是否有足够多的粮食来满足紧急情况下的全球需求？最近出现的情况并非好的预兆。2019 年，美国发生了 14 次灾难性天气事件，包括 10 次严重风暴和热带气旋、3 次洪水和 1 次野火，共造成 435 亿美元的损失。[5]

全球人民都将感受到气候变化的影响，但国家内部和国

家之间的不平等将使责任分配不均。贫穷国家居民因极端天气事件而流离失所的可能性是富裕国家的 4 倍，而且流离失所的人中 80% 是女性。[6] 气候变化将加剧原住民正在面临的挑
118 战。非洲卡拉哈里盆地的干旱已经迫使当地人居住到政府水井附近以便于取水。孟加拉国的农民已经开始于洪水期间在漂浮花园上种植蔬菜。随着他们赖以为生的动物数量的减少，许多生活在北极的人面临着不确定的未来。在喜马拉雅山地区，因为积雪的减少和高海拔地区的冰川融化并在之后干涸，当地居民将失去他们的水源。[7] 在气候变化过程中，许多社会将会被重塑以适应地球表面的变化。

气候变化还通过对其他生物的影响来影响人类。它改变了许多植物害虫和病原体的行为和栖息地，给作物生产带来了新的挑战。咖啡叶锈病的流行是气候和植物疾病之间的相互联系的很好说明。叶锈病是一种真菌疾病，在 19 世纪 80 年代摧毁了斯里兰卡的咖啡生产，迫使农民转而种植茶叶。从表面上看，这种疾病导致了英国人对茶的喜爱，因为它摧毁了英国殖民地上的咖啡种植园。在 20 世纪的大部分时间里，叶锈病在世界各地蔓延，但由于严格的检疫措施，始终没有进入南美洲和中美洲。20 世纪 70 年代，这种真菌突破了巴西的壁垒，传遍了整个拉丁美洲。多年来，海拔 1000 米以上的

土地是咖啡树的避风港，因为那里夜间寒冷，真菌不能生存。随着气候变化导致气温升高，原本没有咖啡叶锈病的地区现在都被感染了，咖啡种植园被迫迁移到更高海拔的地区。[8]

气候变暖扩大了昆虫的活动范围，比如贪婪的南方松甲虫向北方进发，剥蚀树木，使美国和加拿大茂密的森林变成了巨大的墓地，上面高耸的松树骨架像是在纪念逝者。2020
年，东非的蝗灾再次提醒人们注意气候调节或放松对害虫数 119
量控制的能力，当地的虫害蔓延到非洲、中东、南美洲和南亚等国家。[9]

气候变化驱动土壤离开土地，加剧了疾病、虫害和极端天气事件，暴雨聚集显而易见。很难想象全球农作物产量能跟上不断增长的人口对食物的需求。地球上的所有公民都将感受到人类活动对自然界的影响，但沿海地区的居民、原住民以及生活在低海拔岛屿上的居民将受到特别严重的打击。

土壤中含有 2.5 万亿吨碳，是珠穆朗玛峰重量的 3 倍，是地球上最大的碳库。尽管公众对气候变化的讨论主要集中在大气中的碳，但土壤中的碳含量是地球大气的 3 倍，是植被中碳含量的 4 倍。正是这些珍贵的不流动的碳使土壤和气候处于微妙的平衡之中，如果这种平衡遭到破坏，就会失去控制，并产生极端后果。有时侵蚀会掩埋土壤，将碳安全地储存在地下。其他时候，侵蚀会活化土壤中的碳，其中一些会转化为温室气体。同时，被侵蚀的土壤对光合作用的支持能力减弱，破坏了大气中二氧化碳积累的最重要的平衡。因此，气候变化加速了水土流失，水土流失又加剧了气候变化，该恶性循环一直在持续。[10]

土壤侵蚀只是农业产生温室气体的方式之一。粮食生产占到人为温室气体排放量的 24%，另外的 76% 是由工业、交通和居住产生的。自从农业出现以来，人们一直在用耕地取
120 代自然生态系统，从陆地向大气中排放了 1330 亿吨碳。[11] 总的来说，砍伐和焚烧森林、排水和扩大农田等活动不断向大气中排放二氧化碳、甲烷和一氧化二氮。甲烷和一氧化二氮尤其令人烦恼，因为它们是高强度的温室气体，湿地水稻、奶牛和氮肥的使用增加了它们的排放。在未来的几十年里，由于我们试图满足人类的食物需求和偏好，这些污染源预计还会增加。

除了侵蚀之外，土壤中的某些有机质成分也会在挥发过程中转化为甲烷和二氧化碳，从而流失。有机质从土壤中通过循环进入空气，这是一个正常而且确实必要的过程，加速这一过程会耗尽土壤中的碳，并使大气中温室气体含量过高。侵蚀具有明显的标志，如显而易见的沟壑和卷扬的沙尘暴，

以及其他形式的污染攻击鼻孔，使天空变暗，或让河流变色。与侵蚀相比，气体挥发是一个隐蔽的过程。

2020 年 6 月，一场沙尘暴将数量异常庞大的撒哈拉沙漠的沙子带到大气中，最终到达西半球。尽管撒哈拉沙漠每年都会流失 8 亿吨沙子，并且大部分在美洲沉降，但 2020 年的矿物迁移在密度和规模上都是史上少见的。一连好几天，西方新闻中充斥着有关不健康的空气和火红的日落的报道。相比之下，每年土壤中有 600 亿吨的物质被转化为二氧化碳和其他气体，并在大气中漂浮，却并未引起注意。[12]

微生物是土壤挥发的罪魁祸首。它们通过分解有机质将土壤物质转化为无形的温室气体二氧化碳（CO_2）和甲烷（CH_4），并转化为一氧化二氮（N_2O），这是过剩肥料与氧气
结合的产物。2007 ~ 2016 年，在地球上人为和其他原因引 121
起的所有温室气体中，农业和林业产生了 13% 的二氧化碳、44% 的甲烷和 81% 的一氧化二氮。[13]

二氧化碳是数量最多的温室气体。在土壤中，它是由动物和微生物的呼吸作用产生的，是一种从食物中提取能量过程中的必然产物。虽然呼吸作用和换气在口语化词语中交替使用，但呼吸作用实际上指的是从食物中获取能量的一系列生化反应。呼吸生物包括那些能够换气的生物，即主动吸入和呼出空气的生物，以及那些不换气但仍以氧气为燃料的生

物。土壤中动物和微生物会吞食它们遇到的许多碳水化合物，并在分解过程中排出二氧化碳。关于呼吸作用的一个令人惊讶的发现是，植物也拥有这个本领！尽管最著名的代谢活动是生物在地面上通过光合作用固定碳和生产氧气，但在地下则是另一回事。植物运输到根部的碳水化合物与氧气代谢产生能量，逆转光合作用方程，从而养育根系和土壤，并释放出作为废物的二氧化碳。

在缺乏氧气的情况下，某些土壤微生物可以切换到一种不同的能量获取方式——厌氧碳代谢。厌氧生物能消耗许多不同的含碳物质，这一过程会产生甲烷，或产生作为废物的少量二氧化碳。这与反刍动物消化道上部瘤胃产生大量甲烷的细菌代谢属同一类型。厌氧代谢比有氧代谢慢，因此厌氧环境会积累碳物质。湿地也是因其厌氧条件和碳积累而广为
122 人知。它们只占全球陆地面积的 7%，却储存了相当于大气中碳含量 25% 的土壤碳。大部分湿地碳在土壤中保留了数千年，但有一部分经过名为甲烷菌的厌氧微生物处理，生成了甲烷。尽管湿地的甲烷菌只转化了一小部分碳，但它们却贡献了地球上甲烷总量的 1/4，每年产生的甲烷在 1 亿吨和 2.5 亿吨之间。[14] 这种转化大部分发生在有机土的草本和藓类泥炭沼泽之中。

有机土是一种特殊类型的湿地土壤，约占全球无冰土地

的 1%。它以潮湿、厌氧的条件而闻名，这种条件可以产生极深的有机质层。连续几个世纪的丰富降雨使土壤饱和，水分逐渐取代空气，形成了厌氧条件，这些地块变成了欧洲、北美洲和东南亚的泥炭沼泽。那些根系适应沼泽环境的植物，使得土壤沉积累计的速度比休眠的厌氧菌消耗碳的速度快，从而会积累大量的碳和深厚的有机质，这使泥炭呈现出其特有的深色。

缓慢而稳定地释放甲烷是沼泽中生物的正常活动，但如果向系统中添加氧气，碳和氮的化合物挥发速度就会大大加快，沼泽也会从碳汇变成碳源。这一过程正在英国的深层泥炭沼泽中发生，那里的泥炭大概有 10 米厚，是数千年碳积累的结果。今天，侵蚀、火灾、污染和排水破坏了植物光合作用和微生物活动的平衡，减少了碳积累，加快了好氧新陈代谢，将储存的有机质转化为二氧化碳。在农村地区，泥炭被采收作为家庭取暖燃料，商业上也被用于园艺工业，从而使花园土壤更肥沃。在开采泥炭作为燃料或堆肥的地区，或需要干燥条件进行施工的地区，沼泽被排干，变成好氧、可侵 123
蚀的环境。一旦沼泽里的植物和水被去掉，侵蚀就会起主导作用，并在地表形成沟壑。虽然沟道面积不到泥炭沼泽面积的 10%，但英国泥炭沼泽排放的大部分二氧化碳来自这里。这片土地曾经是大量碳汇的托管之地，但现在每年却会释放

370 万吨二氧化碳，大致相当于 70 万户英国家庭的年排放量。地球上的泥炭沼泽主要分布在亚洲和北美洲，其碳排放量是英国的 1000 倍。[15]

亚洲拥有世界上 1/3 的泥炭地，其中一些泥炭地正在迅速挥发。在马来西亚，油棕产业与泥炭地保护行动展开了激烈的竞争。油棕是世界上产量最高的油料作物，每公顷土地产量为 3.3 吨，几乎是椰子、向日葵或菜籽的 5 倍，是大豆的 8 倍。棕榈业已扩展到马来西亚沙捞越的泥炭地，其目的是满足全球对用于食品加工、化妆品、动物饲料和生物燃料的油的需求，同时为当地提供就业机会和缓解农村贫困。为了使种植园的油料产量最大化，泥炭地被排干。当水流入管道时，空气同时涌入以填补土壤中新产生的孔隙，好氧微生物活动速度加快。快速的好氧新陈代谢导致有机质加速分解。马来西亚的泥炭以惊人的速度消失，仅仅 7 年就消失了 1 米（初始深度的 20%），第一年每公顷释放了 15 吨碳，到排水后的第七年增加到每年每公顷 18 吨。在整个东南亚，泥炭地排水后每年向大气中排放约 10 亿吨碳，是地球上所有人体重的 2 倍。[16] 完整的湿地是全球产生甲烷最多的自然贡献者，但农业
124 和林业进一步增加了湿地在碳释放中的贡献。

被水淹没的稻田是人工湿地，其中的甲烷菌每年向大气中排放 1800 万 ~ 3900 万吨气体，占人为甲烷来源的 20%。

水稻是半水生植物，养活了世界一半以上的人口。如果不采取缓解措施，到 2035 年，人们对大米的需求可能会增加 20%。研究表明，缓解气候变化是可以实现的。在厌氧水稻土中，有机质会转化为甲烷；在高氧土壤中，则会产生二氧化碳。但当氧气处于中等水平时，这两种温室气体几乎都没有产生。科学家们正在寻找管理水稻土壤中的氧气利用率的方法，以达到这一理想状态。如果成功，这项工作可以减小水稻种植对环境的影响，这也是目前对气候的一个严重威胁。[17]

减少稻田中甲烷的产生也可能是科学家试图增加水稻产量的结果。在生物学的一个幸运转折中，与高产水稻品种相关的微生物释放的甲烷更少。这是因为高产品种将更多的氧气输送到根部，并将其释放到根际，从而刺激微生物将甲烷作为食物来源。以甲烷为食的微生物，或称为甲烷氧化菌，进行与甲烷菌相反的化学反应，将大量的温室气体转化为无害的生物质。类似地，在水稻土中添加稻草在短期内能增加产量，并通过促进甲烷氧化菌的生长达到长期减少甲烷排放的效果。排水会导致氧气进入土壤，从而抑制甲烷产生，唤醒甲烷消耗者，但必须注意不要越过好氧条件的门槛，那将促使产生更多二氧化碳。[18] 对稻田甲烷产生过程的深入了解给我们带来了一线希望，即我们或许能够增加最常见的粮食作 125
物的产量，同时减小其对气候变化的影响。

在永久冻结的冻土中，产甲烷菌在新陈代谢上处于静止状态，因为寒冷在使产生能量的化学反应静止的同时能保证微生物存活。当冻土变暖时，休眠的微生物变得活跃，并开始呼出甲烷。在整个北半球的高寒地区，这一过程已经被检测到，这些地区数千年来首次解冻，一些地区甚至在冬天也没有重新冻结。[19] 随着地球冰冷的土壤解冻，更多的甲烷菌将苏醒，并释放出气体，形成环绕地球的大气吸热层。因此，另一个恶性循环随之而来。全球变暖激发土壤甲烷的产生，强化温室效应，导致更多的解冻过程，并进一步加剧土壤侵蚀。

甲烷作为气候变化中臭名昭著的罪魁祸首受到了很多关注，但更糟糕的是一氧化二氮。这种隐蔽气体的增温效应是甲烷的 10 倍，是二氧化碳的 300 倍，而且它在大气中具有令人恐惧的持久性。一氧化二氮不仅是一种温室气体，还会破坏地球的紫外线防护层即臭氧层，目前已超过氟氯化碳，成为地球排放的对臭氧层破坏性最大的气体。人为活动产生的一氧化二氮近一半是由土壤中的微生物排放的，其余则来自肥料中的微生物。[20]

1961 ~ 2016 年，一氧化二氮的排放量翻了一番，很大程度上是因为氮肥的使用量增加了 8 倍。农作物只吸收了施用氮素的 50%，当过量的氮素在地下积累时，能产生一氧化二

氮的细菌就把土壤变成了气体的泵站。[21] 幸运的是，在水稻土
壤中，适度的氧气可以减少二氧化碳和甲烷的产生，同时也
可以减少一氧化二氮的产生。因此，至少在水稻生产中，可 126
能会有减少一氧化二氮产生的好策略。为了最大限度地利用
化肥，减少向大气中流失的氮肥，许多农民仔细规划，在合
适的地点和时间施用氮肥，最大限度地让植物吸收而不是让
饥饿的微生物获取。但是，大气中的一氧化二氮和湖泊、河
流中的氮肥污染普遍存在，这就得出氮肥在农业土地上被过
度使用和管理不当这个不可避免的结论。在这方面，我们可
以做得更好。

如果侵蚀正在加速气候变化，那么土壤和它的光合作用生物是否也能减缓气候变化呢？简单地说，如果碳在土壤中，它就不会在大气中。因此，减缓土壤碳转化为温室气体的速度就有望缓解温室效应。大气中吸收能量的分子减少，将使地球周围的保温层变薄，使更多的辐射离开大气层，消散在外层空间，而不会让地球表面变得更暖。

如果维持生命的生物化学反应是线性的，有明确的开始和结束，那么所有的生物分子都会在死胡同里堆积起来。如果是这样的话，地球上生命的演化就不会进展得很远，因为地球上的原子数量是有限的。相反，产生能量的代谢过程是

循环的一部分，而循环是双向的。如果生活在土壤中的有机体的集体新陈代谢将土壤中的碳排放到大气中，那么一定有一种方法可以反过来加速这个循环，将大气中的碳封存在土壤中。当然现实也是如此。

长期以来，关于气候变化本身如何增加光合作用，从而减少大气中的二氧化碳的理论一直存在。在过去的 20 年里，这些理论为许多研究所证实，其中包括对萨赫勒地区的研
127 究。萨赫勒地区是非洲的半干旱地带，是北部撒哈拉沙漠和南部潮湿的稀树大草原之间的过渡地带。[22] 该地区横跨 10 个国家，从西部的塞内加尔到东部的苏丹。这片 700 万平方千米的土地上居住着近 1.35 亿人。几个世纪以来，尽管条件恶劣，该地区仍依靠农作物和畜牧业维持生计。1000 多年前，食品生产和对跨撒哈拉贸易路线的控制使萨赫勒地区成为非洲中北部繁华的商业中心。但到了 1980 年，那些在 19 世纪穿越萨赫勒地区的人已经无法辨认该地区，因为萨赫勒地区的北部已经不在沙漠边缘，而成了沙漠本身。撒哈拉沙漠向南挺进，吞噬了萨赫勒的部分地区。

这是不寻常的天气事件和过度放牧共同作用的结果，致使植被和土壤损失。植物覆盖的减少增加了反照率或地表反射率，这是地球表面冷却的一种特性。在萨赫勒地区，这种降温效应减少了降水量。加上长期气候趋势的影响，持续的

干旱随之而来，且在 1973 年达到顶峰。萨赫勒地区以前也经历过干旱，但没有这么长时间和这么严重。1969 ~ 1978 年，该地区人口密集的国家由于缺水，牲畜大量死亡，甚至导致大约 10 万人死亡。[23]

由于气候变化这个意想不到的恩人的帮助，萨赫勒地区的大部分区域现在又恢复了绿色。自 20 世纪 80 年代以来，该地区的降水量增加，撒哈拉沙漠的南部边界再次向北移动。地面上的人们能够在其干旱期间被迫放弃的地区再次种地，卫星图像也证实了这一点。部分地区变绿是由于降水量增加。据模型预测，在 1980 ~ 2080 年的三个月季风期间，该地区降水量每天将增加 1 ~ 2 毫米。这当然有助于提高产量。
但在最严重干旱之后的 30 年里，布基纳法索和马里的小米 128
产量分别增长了 55% 和 35%，这不仅是降水量增加所能解释的。[24] 产量的增加被认为是由大气中二氧化碳浓度升高引起的。

过去 30 年里，在中国、印度、北美、巴西东南部、澳大利亚东南部和欧洲部分地区，大气中二氧化碳含量的增加似乎使光合作用加速了 33%。2007 ~ 2016 年，土壤中多固定的碳约为 60 亿吨。随着气候的变化，一些地区的生长季节有所延长，植物的生产力也有所提高。我们可以相信，光合作用的加速只能部分抵消所增加的碳排放量。[25] 土壤可以进一步为我们提供协助，减少大气中的二氧化碳。

全球土壤额外吸收碳的潜力在每年10亿吨和30亿吨之间。在未来的几十年里，全球土壤中有机质每增加10%，大气中二氧化碳的浓度就会降低25%，即110 ppm，几乎为工业化前的水平。[26] 而且增加土壤中碳含量的同时还能促进土壤恢复健康，可谓双重好处。尽管有明显的好处和很小的伴生风险，但科学和政策讨论仍把注意力集中在其他方面。

增加土壤碳需要发展通过简单投入就能丰富土壤生态系统的方法。将更多的碳汇入土壤中的育种植物和替代种植方法将有助于增加土壤碳，但只有把碳长时间留在土壤中才真正有用。一年后，只有1/3的作物残留物留在土壤中，两年后，留在土壤中的作物残留物只有5% ~ 10%。因此，要从增加土壤碳的创新中充分获益，就必须与稳定土壤碳的策略相结合。

通过生物炭（一种在无氧高温条件下生成的有机材料）
129 富集是稳定储存碳的一种很有前途的技术。目前，人们正在对生物炭增加土壤碳储量和促进植物生长进行测试。生物炭比土壤有机质更稳定，但它是否能减缓土壤碳向大气碳的转化，目前还没有定论。然而，生物炭在农业中肯定有应用前景，因为它正在为土壤改良提供一站式服务。它减少了一氧化二氮的排放，减少了对肥料的需求，并增强了土壤的保水能力。[27]

湿地被认为是最好的可以增加碳储量的可能选项。一些国家已经实施了恢复沼泽厌氧条件的计划，以防止有机碳进一步氧化并增加二氧化碳排放。印度尼西亚拥有全球 36% 的泥炭地，碳含量为 280 亿吨。在成为商业开发对象的印度尼西亚公有森林中，发现了泥炭。过去，一些公司从政府获得开发森林的权利，然后烧掉它们以发展橡胶种植园，这一过程向空气中释放了大量的碳。农业综合企业在潮湿地区安装排水管道所引发的问题，导致土壤上容易发生火灾。在干旱年份，大规模的火灾会席卷泥炭地，迫使印度尼西亚和马来西亚的学校关闭，飞机无法在烟雾弥漫的天空中飞行。1997 年和 1998 年，马来西亚的火灾向大气中释放了近 10 亿吨碳，使人类死亡率增加了 20%。[28] 由于该地区泥炭非常深厚，如果不被一年一度的季风期降水扑灭，大火可能会燃烧多年。

泥炭火灾是可以预防的。印度尼西亚政府在 2015 年经历了严重的火灾后，成立了泥炭地恢复机构（Peatland Restoration Agency），负责恢复 260 万公顷的退化泥炭地并防止泥炭火灾再次发生。自那以后，政府已经禁止砍伐森林和纵火。这些限制措施似乎起了作用，例如 2019 年又是一个干旱年份，但被烧毁的土地面积却比 2015 年减少了 87%。[29]

减少农业向大气中排放的温室气体可以改善气候，但需要人们付出辛苦努力以促成这一目标的实现。大多数人为的温室气体来源是运输、取暖和工业过程使用化石燃料的结果。缓解行动必须以减少这些排放为重点。农业也是解决方案的重要贡献者，农业排放占排放总量的 24%，因此减少土壤和牲畜产生的二氧化碳、甲烷和一氧化二氮的行动需要适度推进。但最大的贡献可能是将更多的碳吸收并稳定储存在土壤中，从而减少温室气体总量。大多数国家发现减少排放深具挑战性，但在人们寻找和采用能源替代品的同时，增加土壤碳可能是减少化石燃料燃烧危害的良方。

2015 年，在巴黎举行的《联合国气候变化框架公约》第 21 次缔约方大会（COP 21）上，世界各国领导人达成了历史性的《巴黎协定》，为减缓全球变暖绘制了蓝图。该协定已获得 125 个国家批准，旨在将气温升幅控制在工业化前 1.5℃以内。这一雄心勃勃的计划被誉为负责任地管理气候的里程碑。在 COP 21 上提出的一项不那么受欢迎的“千分之四土壤促进粮食安全和气候计划”（Four Per Mille Initiative: Soils for Food Security and Climate，4p1000），提议所有国家每年把最上层 2 米厚土壤的碳含量增加 0.4%。这一数字的目标是抵消未来碳排放量的增加。未来每年的碳排放量将相当于世界土壤碳含量的 0.4%。许多科学家想知道是否有可能实现这一目标，特别是在非农业土壤中可以吸收多少碳。在 COP 21 几个月后，一个由土壤科学家组成的国际小组提出了一个更可行 131
的目标，即在农业土地最上层 1 米厚的土壤中增加 0.4% 的土壤碳。如果成功则意味着每年吸收 4 亿～30 亿吨的碳。[30] 尽管它不能消除所有的排放，但如果在农业土地上实现 4p1000 计划的目标，将减少多达 1/3 的碳排放。如果美国总统致力于恢复有关气候问题的讨论，就可以重新启动、批准并实施 4p1000 计划，以推进全球气候问题缓解和土壤改良。

实际和潜在碳含量之间的差异被称为土壤健康差距。要填补这一空白，需要全球土壤多吸收 1330 亿吨碳。即使每年只吸收 5 亿吨碳，到 2100 年，也可以减少 400 亿吨大气碳，这相当于 1750～2015 年人类活动排放的二氧化碳的 15%。[31] 为了实现 4p1000 计划这个雄心勃勃的目标，值得在全世界范围内进行探索，直到土壤吸收碳的潜力被发挥到极致，这可能需要几十年的时间。到那时，化石燃料的替代品可能会广泛存在，新的缓解策略可能会得到实施。与此同时，增加土壤碳也有利于土壤健康，最终将帮助农民提高产量，减少投入。

我们现在能够中断土壤和气候之间破坏性的互动。不断恶化的气候和持续的土壤流失形成了一个走向毁灭的恶性循环。面对气候变化的威胁，土壤可能是我们最好的盟友。促进土壤健康的方法是众所周知的，且已经实践了几个世纪。世界各地聪明的食品生产者已经决心通过扭转碳循环来恢复气候和土壤的和谐。通过良好的土壤管理，养活 90 亿人也是可能的。不仅可能，而且必要。

第八章

土壤管家

在城市、乡镇、农场、森林和高速公路的喧嚣之下，隐 132
藏着一条由生命、岩石和水组成的沉默的黑暗丝带，它将过
去和未来联系在一起。活在当下的人拥有加强或打破这种联
系的力量。这条丝带记录了我们的行为，以便让未来可以看
到。在我们作为土壤监护人的短暂任期内，我们可以养护它，
留下比我们所继承到的更好的遗产。或者，由于忽视和无能，
我们没有做好传承，为后代和地球本身留下了一个不确定的
未来。

土壤遗产往往起源于文化价值和信仰。有些文化仅仅把
土壤看作达到生产和营利目的的手段。另一些人则尊崇它为
所有生命的神圣源泉。对许多人来说，土壤似乎是可再生的 133
和无限的，而另一些人则认为它是一种正在消失的资源，必
须加以保护。无论他们的信仰如何，在历史和世界文化中，
人们都留下了具有故事性的土壤遗产。审视创造了强大遗产
的实践可以教会我们如何培育今天的土壤，使其延续到明天。
因此一个强大的主题就出现了：我们知道如何做到这一点！几

千年来，农民通过管理风、水和土壤本身来减少侵蚀。这些做法在 20 世纪就已经得到改进，并实现了机械化和量化，这对现代农业来说并不新鲜。

对不同文化下土壤管理的比较揭示了第二个主题：无论人们生活在北半球还是南半球，无论是种植玉米还是苔麸（teff），无论是使用种植棒还是铁锹，好的土壤管家会采用相同的管理方法。他们持续至今的农业实践证明了长寿的农业需要耕作者悉心照料他们的土壤。那些浪费土壤的人根本无法生存。[1]

当我第一次学习土壤科学时，我被各种各样的土壤和土壤管理实践折服。为了看到所有这些，我想象自己拥有飞跃世界各地景观的超能力，仔细观察影响土壤健康的地下活动。如今，我年轻时的幻想很可能是一架配备激光传感器的无人机或卫星，尽管无人机通常不搭载乘客！但如果能搭上其中一架无人机，我们就会发现一些令人惊讶的土地管理的例子，人类已经培育出了远远超过原来肥沃程度的土壤，由此产生的土壤是由人为活动形成的人为土。例如，飞越苏格兰海岸外的帕帕斯朵尔（Papa Stour）小岛时，我们仍然可以看到堆肥农业的成果，该成果长期以来已经在设得兰群岛的许多地
134 方得到应用，首先是公元 800 年前后的挪威定居者，然后是苏格兰人。帕帕斯朵尔岛的农业一直持续到 20 世纪 60 年代，

当时岛上人口减少，粮食生产需求减少。过去 60 年里，帕帕斯朵尔岛上受病害影响的农业用地大部分没有得到开垦，这使好奇的科学家和人类学家得以重建岛上居民创造其标志性人为土的做法。1000 多年来，农民用大量的粪肥、草皮、海藻和牛粪（牛棚的垫料）来滋养土地，用铁锹而不是犁来耕地。当他们结束耕作时，这块土地的表层土壤有 75 厘米厚，而周围未经开垦的表土只有 16 厘米厚。当哈伯 – 博世合成氨法使氮肥唾手可得时，西欧的大多数农民放弃了堆肥农业，如今他们的表土已经大大减少。但帕帕斯朵尔岛上的人为土仍然是这种古老做法的见证。[2]

地下纪念碑纪念了过去其他做法的持久益处。例如，在南美洲的茂密森林下，科学家们发现了一种亚马孙暗土（Amazonian Dark Earths）。事实上，科学家们在亚马孙雨林的小块区域发现了这种人为土，所用方法很像无人机上的激光技术。[3] 这些黑土被发现的地方曾经是原住民的家园，他们在森林里种植植物作为食物。亚马孙暗土蕴藏着大量的有机质，这些有机质是由产生生物炭的低温燃烧沉积下来的。人们用扔在城镇垃圾场的植物废料进一步使土壤肥沃，这产生了大量的堆肥。生物炭和堆肥的残留物仍然点缀着森林景观。它的丰富性与周围贫瘠的热带土壤形成了鲜明的对比，即使在这片土地被遗弃为丛林的几个世纪之后，它也很容易被激光探测到。

135 如果无人机带我们从亚马孙向北飞到墨西哥城南部的霍奇米尔科（Xochimilco），我们会看到采用浮园耕作法（chinampas，中美洲人使用的耕作方法）的耕地，也就是人工漂浮花园。一些历史学家认为，正是这些花园帮助阿兹特克人（Aztecs）建立了他们伟大的帝国。农业技术可以追溯到公元800 ~ 1000年的中美洲阿兹特克人，随后阿兹特克人启动了大规模的运河建设项目，扩大了浮园耕作法的粮食生产规模，以满足500万 ~ 600万人口的需求。在1000多年的时间里，浮园耕作法并没有发生太大变化。湖泊和运河底部的泥浆与陆地上的泥炭结合，形成一堆堆乌黑的混合物，从水道底部一直延伸到水面。虽然它们仍然被认为是漂浮的，但这些岛屿实际上被固定在海底。岛屿的表面呈现一种黑暗的人为土，它被岛屿周围的植被牢牢地固定住，防止侵蚀进入运河。只有10米宽但绵延数千米的细长岛屿把运河雕刻成狭窄的水道。这些人造岛屿是人类智慧的杰出典范。浮园耕作法的土壤继续支持着农业生产，农民在长406千米的运河中种植水果、蔬菜和鲜花。这些岛屿为墨西哥增加了2000公顷的农田，为墨西哥城的12000人提供有机农产品，支持了墨西哥11%的生物多样性。[4]

继续向东，移动到菲律宾吕宋岛的中科迪勒拉山（Cordillera Central）地区，我们会看到超过17000公顷的土地，其中大部分已经被伊富高人（Ifugao）耕种了2000年。他们继续以传统的、高度结构化的森林、农场、梯田和定居点系统管理他们的土地。这片土地以郁郁葱葱的梯田为特色，这些梯田环绕着陡峭的山脉，如果不重新修整就无法耕种（彩图7中的梯田）。伊富高人的耕作方式塑造了这片崎岖不平的土地，使它能够承受每年320厘米的高强度降水。只有坚持采用久经考验的方法来降低水流速度和拦截泥沙，才能 136
将每年每公顷的侵蚀量控制在0.068吨，这是一项了不起的成就，因为附近的非梯田土地平均每年每公顷侵蚀量超过24吨。[5] 数千年的成功农业证明了伊富高系统对于在精心照料的土壤上建立稳定的农业生态系统的有效性。

农业产出通常是看不见的，因为它们位于不透明的地球表面之下，但有时遥感可以探测到地表颜色或海拔的差异，从而表明更深层次的影响。这些古老的土壤遗迹揭示了改善土壤质量和防止土壤流失的创新宝藏。现在，让我们结束无人机的幻想飞行，转向识别伟大土壤管理中固有的科学元素。

防止水土流失有两个普遍的原则：第一是控制推动土壤颗粒的力量，第二是改善土壤结构。由于侵蚀是风和水驱动的，任何降低流速的干预措施都会减缓侵蚀，伊富高人的梯田就是如此。与管理运输土壤的力量同样重要的是从内部改造土壤，通过将分离的颗粒结合成更难以推动的团聚体来改善土壤结构。深根的多年生植物、覆盖作物和作物轮作促进了土壤团聚体的形成，所有这些都能增加土壤微生物群落和有机质。[6] 正如亚马孙森林和帕帕斯朵尔所证明的那样，农民可以用作物残渣、肥料、生物炭、堆肥和其他增加土壤有机质的改良剂，制造出高产的人为土，从而促进团聚体的形成，降低可侵蚀性。好的土壤管家通过减少翻耕来保护土壤结构。

这些做法源自何处？我们可以从中学到什么？探究自农业生活开始以来人们战胜侵蚀的方法，可以使我们认识到保
137 护土壤的耕作方法的多样性、简单性和力量。本土知识一直受到严酷的世界选择性力量的影响，这是一个筛分和遴选的过程，应保持有效的做法，抛弃那些无效的方法。世界上 3.5 亿原住民所拥有的知识体系远远超过了全球人口。[7] 原住民的实践细节为所有农业学家提供了复杂而微妙的经验教训。

考虑到古玛雅人的许多成就，他们能开发出复杂的土壤管理方法就不足为奇了。近 4000 年来，玛雅文明在尤卡坦半岛（Yucatán Peninsula），包括现代墨西哥、危地马拉、伯利兹、萨尔瓦多和洪都拉斯的部分地区蔓延。人们认为玛雅人的数量在公元 900 年之后开始下降，在 1502 年西班牙人抵达后，玛雅人与殖民入侵者进行了多年的斗争，顽强的玛雅农

民至今仍继续着他们传统的农业实践。这些实践既鼓舞人心又具有启发性。

科学家们从考古学和土壤方面收集了关于古玛雅的知识。装饰古代墙壁和天花板的壁画仍然闪耀着鲜艳的红色、天蓝色、橙色、棕色和绿色，精致地描绘了玛雅政治、宗教和庆祝活动，也向我们展示了他们的农业活动。玛雅人还留下了复杂的象形文字记录，至今仍未被完全破译。他们运用著名的算术方法和对自然界循环的研究，创建了历法，使农业操作在旱季和雨季可以前后同步进行。他们利用捕捉太阳角度的技术跟踪太阳周期，这在近赤道地区是一项具有挑战性的任务。[8]

玛雅农业的丰富性表现在库存的证据和分配过剩的社会制度上。他们的种植体系以玉米为中心，玉米大约是在
公元前 7000 年从墨西哥西部低地的一种野生植物驯化而 138
来的。[9] 就玉米而言，我们有驯化过程的明确遗传证据，包括选择符合农业系统并生产有用食物的植物。高产玉米支持了定居点、村庄和城市的发展以及粮食储备。在玛雅人的种植系统中还有多达 70 种的其他植物，这是他们持续生产力和保护土壤的秘密的一部分。玛雅人的农业促进了人口的快速增长，并使他们复杂、成熟的社会得以出现。

人们对玛雅大崩溃做了很多研究，大崩溃是指从公元 900

年开始人口从 600 万下降到 50 万的变化阶段。这一下降的原因尚不清楚，就像其他许多巨大的历史波动一样，它可能是由在空间和时间上无疑不同的几个因素共同作用引起的。对树木年轮和放射性同位素的分析表明，玛雅人在公元 900 年前后遭遇了长期干旱。一些历史学家还发现了同时期粮食库存减少的记载，这表明农业产量随着水资源的可用性降低而下降。但也有人对此表示异议，因为没有证据表明当时存在粮食短缺。2020 年的一项研究报告称，蒂卡尔（Tikal）的宫殿和寺庙周围的水库汞含量很高，蒂卡尔曾是玛雅人的大城市。除了汞，水库中还含有蓝藻细菌的 DNA 特征，这种蓝藻细菌能产生强大的毒素，至今仍像瘟疫一样困扰着水系统。受污染的水可能是导致人口减少的原因之一。一些学者认为，衰落从来都不是一个陡然的过程，而是在数百年的时间里，伴随气候、统治和社会组织的演化而逐渐发生的变化。然而，尽管以上所有原因都可能促成大崩溃，但土壤侵蚀被认为是导致食物丰富度降低和人口减少的罪魁祸首，所以用玛雅人来说明可持续农业实践的特点，似乎是一个奇怪的选择。[10] 但
139 一项深入的研究却讲述了一个非凡的土壤管理故事，这种管理使繁荣的玛雅文明和玛雅人延续了数千年。他们先进的农业系统有很多值得全世界农民学习的地方。

一些历史学家谴责玛雅人的农业是典型的刀耕火种，包

括用火清理森林，种植几年作物，耗尽作为灰烬和木炭沉积的有限肥力，就会抛弃土地。这些历史学家大大误解了玛雅农业。对玛雅人农业系统的研究，结果只是将其重新命名为轮歇农业（swidden agriculture），它使用冷火生产生物炭，类似于亚马孙暗土的形成过程。玛雅森林燃烧生成的生物炭为土壤提供养分，而刀耕火种通常使用更热的火，使有机质挥发而不是在土壤中储存。事实上，很少有文化对土壤健康有如此长远的看法。玛雅人发展了一个复杂的农业序列，被称为米尔帕（milpa）系统或米尔帕森林花园，遵循 10 ~ 25 年的周期。典型的米尔帕森林花园穿插种植玉米、南瓜、豆类或玛雅人在轮作中种植的其他 70 种作物。植物的多样性培育了土壤，为人们提供了丰富的饮食。4 年后，当作物生长降低了土壤肥力，多年生植物成为优势植物时，玛雅人开始种植乔木和灌木的混合物，以提供坚果、水果、可可、药用植物和建筑材料。在重复这个循环之前，这片重新造林的土地可以维持大约 20 年。乔木和灌木的结合创造了一个平衡的生态系统。树木通过光合作用捕获丰富的碳，从而补充土壤中的有机质，并从土壤深处吸收小植物无法获得的养分。当树木燃烧时，它们再次将营养物质沉积在上层的木炭和灰烬中，为下一次种植提供养分。[11] 由于几个花园可以被同时或者非同步管理，所以总有一些花园生产诸如玉米之类的主要作物， 140

还有一些花园则处于恢复期，生产其他必要的森林产品。

具有讽刺意味的是，历史学家认为玛雅农业会破坏土壤，而实际上，米尔帕森林花园严格的种植顺序是一种高效的保持土壤健康的管理方法。许多历史学家坚持认为是土壤侵蚀导致了玛雅人的衰落，甚至认为当代玛雅人正在重复 1000 年前的罪恶，他们用陆地卫星 4 号的卫星图像作为证据，这些图像显示玛雅人居住的地区的森林遭到了砍伐。然而，我们深知，这些类似的图像也出现在牧场取代森林的地方。他们论点的缺陷在于玛雅人在 1000 年前还没有开始放牧！相反，他们有在森林中捕猎野生哺乳动物和鸟类的记录。今天的森林砍伐并不能作为玛雅大崩溃的相关证据。[12]

许多玛雅人培育的树种至今仍保留在他们的森林遗迹之中，这些森林与他们的寺庙和纪念碑一样，都是玛雅人的遗产。[13] 玛雅人将树木作为上层，其他植物作为下层，这是基于对效用和快速生长的考虑，也有助于清除杂草。该系统运行得非常好，但它属密集型劳动，需要种子收集、手工杂草管理和燃烧。成功的米尔帕森林花园依赖知识、技能和劳动。今天，许多农民缺乏体力和时间，无法通过手工投入来除草和重建花园，因此他们求助于节省劳动力的做法，如使用除草剂，伴随而来的是在短短 4 年里损失了近 20 厘米厚的土壤，大部分表土被剥离。当营养物质的补充速度不能达到 20 年内森林生长能够补充的程度时，土地就会变得贫瘠。[14]

危地马拉的萨尔佩滕湖（Lake Salpetén）富含黏土沉积物，土壤科学家解释说，这表明在中美洲玛雅文明兴盛时期发生过三次土壤侵蚀。前两次与新米尔帕森林花园的土地清 141
理活动的兴起相吻合。当原始土地上的森林被烧毁时，可能会立即发生土壤流失，但随着精心管理的米尔帕森林花园重建了厚厚的土层，土地逐渐恢复原状。[15] 近3000年来，传统米尔帕系统在其肥沃的土壤基质上的人口数量不断增长。今天的玛雅人小心翼翼地管理土壤，并展示了米尔帕森林花园的美丽，从而以与土壤和更广泛的生态系统相和谐的方式种植作物。因此，很难将7米厚的湖泊沉积物与玛雅人对土壤的关心和重视联系起来。

早期玛雅人复杂的土壤管理坚持了防止侵蚀的两个原则，即管理风和水以及土壤本身。他们大部分的土壤管理体现在米尔帕森林花园的设计中，它提供了植物类型的多样性、良好的土地覆盖率、用种植棒而不是犁来保护土壤结构，并在花园循环中坚持采用轮作。在面积较小的沼泽低地上，他们修建运河、抬高河床，以保护土地免受洪水侵袭；在山坡上，他们修建梯田，以减少重力和水冲走土壤的可能性。现代遥感技术穿透了以前无法探测到的茂密森林，揭示了错综复杂的梯田网络和排水系统，这是玛雅人创新的遗迹。[16] 即使在今天，1000 多年前建造的梯田上的土壤深度仍是附近非梯田土地的 3 ~ 4 倍。为了满足防止侵蚀的第二个原则，玛雅农民努力充实他们的土壤，通过多年生深根植物、堆肥和丰富的生物炭来增加土壤碳。这些做法与非犁耕相结合，建立并保持了抵御侵蚀力的良好的土壤结构。

今天，在墨西哥—危地马拉边境附近的拉坎敦雨林中，
142 只有不到 2000 的拉坎敦玛雅人（Lacandon）保存着他们自己的语言和文化。他们在 50 万原住民群体（主要是玛雅人的后裔）中生活，继续在传统的米尔帕森林花园中种植作物，其中植物种类繁多，土壤更新时间长。拉坎敦人在玛雅人口减少和随后欧洲入侵者的野蛮殖民中幸存下来，证明了传统玛雅农业方法的可持续性，但该群体还必须继续为生存而战。入侵者通过砍伐森林、种植单一作物和引入放牧来滥用土地，这些行为联合起来破坏了雨林和土壤。当地团体还受到墨西哥政府的围攻，墨西哥政府提供金钱奖励来阻止拉坎敦人在米尔帕循环中焚烧森林，是基于一个错误的假设，即所有的焚烧都是破坏性的。具有讽刺意味的是，如果没有控制性的燃烧，森林很容易自燃并把碳释放到大气中，而不是储存在土壤内部。[17]

这些美洲农民提供了土壤管理的成功经验，使他们的作物生产持续了数千年。基于高强度的景观管理计划，他们通

过频繁的更新来保持森林的健康，促成了土壤的健康和团聚体的形成，同时生产了数量众多的食物。这里就出现了问题：轮歇农业可以被广泛采用吗？今天的传统农场和工业化农场能否将花园的集约化管理纳入一种既保持土壤健康又保持令人满意的产量的种植策略中？这些干预措施可能过于激进或难以扩大规模从而广泛应用，但如果期望粮食继续以养活不断增长的全球人口所需的规模进行生产，我们就需要考虑每一种经过验证的土壤改良措施。

———— 143

沙漠化扩大了干旱土地的范围，了解当地居民几个世纪以来如何在干旱土地上耕种就显得至关重要。美国西南部的祖尼普韦布洛（Zuni Pueblo）印第安人保持着北美最古老的农业系统之一，他们在那里持续耕作，数千年来一直在与水土流失做斗争。[18] 语言学家认为，祖尼语是印第安语言中独一无二的，可能在同一地理区域使用了7000年之久。但如果没有文字记录，语言就会被实物替代。幸运的是，农业发挥了记录作用。考古学家发现的证据表明祖尼人在同一块土地上连续耕种了3000 ~ 4000年，这表明祖尼人社会保护了其土壤。

大约4000年前，祖尼人的祖先从今天的中美洲和墨西哥迁移过来，带来了他们的食物。这些食物包括玉米、豆类和南瓜，如今仍然是祖尼人的主要食物。这些食物在几个世纪里一直为人类提供主要营养，在公元 1200 年前后的人口急剧增长期间也是如此。乍一看，在干旱的祖尼土地上生长的任何东西都值得注意，但如果抛开它贫瘠的外表，这片沙漠却是北美生物多样性最丰富的五大地区之一，支持着有机体在沙漠的各个挑战中存活，就像祖尼人一样。[19] 他们的耕作方式能够充分地利用水资源，并在极端气候下控制水土流失。

欧洲殖民者和美国政府的土地征用活动，使祖尼人的领土从原来的 600 万公顷（几乎相当于爱尔兰的面积）缩小到现在的不到 20 万公顷（比南非的约翰内斯堡还小）。尽管面临着恶劣的环境和窃取他们遗产的入侵者，祖尼人仍然用自
144 己创新的耕作方法保持着粮食生产，并保护他们的土壤免受毁灭性的侵蚀危害。[20]

祖尼人的土地大部分位于半干旱地区，一些则延伸到黑土以及位于该地区东部边缘的海拔更高、更潮湿的淋溶土。这片土地长期遭受着干旱，其间伴有的暴雨又冲走了脆弱的土壤。在被雨水冲刷的土地上，河谷深深的切口能够说明侵蚀非常严重。由于未知的原因，现存的沟壑在 1880 ~ 1919 年首次切割地表，并继续扩张，有些沟壑有 30 米深、50 米宽。在 7 月、8 月和 9 月的几场暴雨中，常常会有能冲出这些深谷的洪水出现。

持续不断的用水是祖尼人土壤和作物管理面临的挑战，他们用径流农业（runoff agriculture）来处理这一问题。径流农业是世界上干旱地区普遍采用的一种方法，包括在雨季从通常有森林覆盖的高处山坡上收集径流。祖尼人必须利用海拔来平衡温度和降水，这是一组反向相关的变量，他们有策略地将田地置于谷底，或置于暴雨时排水的山坡下。这些土地接纳了来自高海拔地区的沉积物和营养物质，同时避免了山谷最低点典型的洪水和霜冻。为了减缓水的流动，祖尼人用石头或灌木建造了小型透水水坝，用来分配水和泥沙。其作用类似于梯田，使水能够渗入土壤，而不是从土壤表面流走。拦截体被编织成网络，形成人字形的图案，这些工程通道可以改变水流方向。由于其水力特性和半渗透性，该系统特别有效。随着时间的推移，沉积物和营养物质在田里累积，形成比周围土地更深厚和肥沃的土壤。祖尼人为了从有限的水源中获得更多的好处，培育了可以将种子种植在土壤表面 145
以下 30 厘米处的植物品种，因为那里一直有水。这些健壮的植物幼苗必须努力生长才能接触到阳光！祖尼人还培育出了新的玉米品种。与西南地区普遍使用的品种相比，这种玉米品种携带更多的菌根，增强了根表面感染真菌的能力。因此，祖尼人的植物在水和养分吸收方面效率更高。[21]

农业和土地管理者有很多东西要向祖尼人学习。他们很久以前就认识到，沙漠并不像许多欧洲移民所设想的那样是一片荒地，而是一片生物多样性丰富的土地。白人定居者和美国政府来到这里，认为他们需要教会祖尼人如何耕作，但到了20世纪30年代，他们开始意识到祖尼人巧妙的水资源管理方法比从外引进的任何控制水土流失的方法都更为有效。[22] 通过倾听土地的声音、了解它的循环，并设计管理方法来防止土壤移动，鼓励其恢复生产力，祖尼人在沙漠中种植了丰富的作物，在培育土壤的同时也养育了自己。许多农民可以学习明智的祖尼人的管理艺术以及支撑它的哲学，以建立可以持续几个世纪的土壤宝库。

奥特亚罗瓦（Aotearoa，新西兰的毛利语名称）的毛利人通过塑造与土地有深厚的精神和文化联系的措施来保护土壤。几个世纪以来，他们和世界上许多原住民一样，为保护土壤，与欧洲殖民者发生了冲突。毛利人忍受着他们的森林被大量砍伐，并受到殖民地所有权和管理制度的支配。为了使用传统和常规的管理方式来保护和恢复土地，他们适应了强加的法律制度，并结合精神和科学来驾驭一个不属于他们自己的
146 制度。他们为人类建设和重建土地遗产的恢复力提供了经验和教训。

与那些说多种语言、跨越数百个国家、分布在广袤大陆

上的美洲原住民不同，毛利人使用一种共同的语言，大部分人生活在新西兰两个相对较小的岛屿上。大约在公元 1350 年，他们从波利尼西亚来到新西兰，以狩猎采集者的身份生活，后来形成了以农作物和园艺为中心的定居点。他们的土地管理基于波利尼西亚的知识和技能，与土地和更广阔的环境有着丰富的精神联系。事实上，毛利人被称为“*tangata whenua*”，意思是“大地之子”，这说明了他们的信仰，即人类不是拥有土地，而是属于土地，应该把他们所获得的归还给土地。[23] 相互给予的关系是通过埋葬胎盘的共同传统来表达的，以巩固每个孩子与地球母亲“Papatūānuku”的关系，其在语言上体现在“*whenua*”一词中，意为“胎盘”和“土地”。

今天，毛利人的土地监护权仍不稳定。19 世纪，大量的土地被众多的殖民法律剥夺，尽管现在已经提出了数百项土地索赔和申诉措施，但毛利人只保留了原始传统土地面积的 6%。他们的土地被分成数千个分散的区块，每个区块都有多个土地所有者和一个独立的管理实体，该实体是基于 1993 年通过的毛利土地立法建立的。大约 85% 的毛利人住在城市，只留下一些小的农村社区来维持部落的家园，或者用他们的话说是“ahi kaa”，意思是让家里的火继续燃烧。但城市和农村的毛利人都借鉴传统知识，开发了新的土壤管理方

法，以加强他们与部落地区和毛利土地的关系。他们与所有
147 生物的精神和文化联系促使毛利人成为土壤的学生，发展出他们自己的土壤术语和分类。他们主要通过感官评估土壤的健康状况——注意土壤的颜色、气味、感觉和质地，他们使用“mauri”这个术语来讨论土壤的活力及其支持多种生命形式和确保健康的能力。

面对侵占和破坏土壤的经济、社会和政治压力，毛利人试图保护他们关于土壤的传统和信仰，特别是他们认为土壤是一种有生命的系统，给人以一种认同感和团结感。[24] 从事毛利人环境研究的杰西卡·哈钦斯（Jessica Hutchings）、加思·哈姆斯沃斯（Garth Harmsworth）和同事基于毛利人关于祖先血统、相互联系和神性的价值观，创建了一个新的土壤健康框架。该框架加强了毛利人的主权权利，并指导他们履行对土地的监护责任，以提高土地的法力（mana）。这个词有多层含义，包括权力、荣誉、威望、富饶和健康。通过增加土壤的肥力，用固氮植物提高微生物的多样性，添加堆肥和其他改良剂，避免使用化学添加剂和机械降解，毛利人的农业和种植实践提升了土壤的法力。

19 世纪，英国殖民者为了从新西兰的自然资源中获利，给新西兰带来了一种截然不同的、与精神无关的土壤、土地和所有权观。尽管毛利人极力抵制，但英国人还是说

服数百名酋长在1840年签署了《怀唐伊条约》(Treaty of Waitangi)，这一条约在毛利人和英国人之间的解释非常不同，至今仍充满争论。该条约导致了超过100万公顷的土地和基础设施项目被殖民者突然征用，森林砍伐、不断扩张的畜牧业、道路、排水系统和英国人的定居点，致使毛利人生存的景观伤痕累累。

在很大程度上，毛利人现在已同意把该条约作为新西兰 148
的宪法基础，该条约的毛利人版本规定了原住民的高度所有权和参与权。新的条约有助于扩大毛利人在部落地区和整个新西兰的权利，支持他们在国家自然资源的决策中发挥更重要的作用。国际上，当2014年和2017年毛利人概念渗透到主流立法和具有历史意义的立法之中时，这种共同管理和共同治理的模式引起了人们的关注，这些法律赋予一块保护区和一条河流以人格。[25] 许多毛利人认为，土壤也将有望获得被承认的人格。

位于新西兰北岛东部的怀阿普河(Waiapu)流域是一个土壤非常脆弱的陡峭丘陵地区。它是纳提波鲁(Ngāti Porou)部落的精神和文化家园。在经过数千年原生森林的稳定演化之后，该流域现在是世界上侵蚀最严重的地区之一，河流和小溪的泥沙含量非常高。而在原生森林的树冠和落叶下，土壤受到保护，避免了频繁的高强度暴雨和热带气旋的侵袭。

传统的毛利农业和自然森林管理也用由贝壳、海藻和废弃植物材料制成的堆肥来提高土壤肥力。在殖民化、森林砍伐和向畜牧业过渡之后，该流域严重退化，流失了数千吨土壤。失去保护层后，山坡上布满了深深的沟壑，沉积物滑落到怀阿普河中，这条河对毛利人有着深远的精神意义。如今，该地每年每公顷土壤侵蚀量高达 180 吨，使这条圣河变得浑浊，河床每年抬高 2.4 米，并破坏了当地的泛滥平原和毛利农场（见彩图 3）。[26]

149 像世界上许多其他地方一样，今天的新西兰正遭受着气候变化的影响，更频繁的强暴雨伴随高速雨滴打击着土地，以惊人的速度将土壤从山坡上冲走。更重要的是，新西兰几乎 60% 的土地是山区、丘陵和易受坡面侵蚀的地区。新西兰各地的重新造林工作的重点是创建一个自然多样化的森林，以保护、重建和固定土壤。在这些土壤保护和土地开发行动中，毛利人一直走在前列。有一种树因其文化和经济价值而引起了毛利人的特别兴趣，那就是马努卡（松红梅，*Leptospermum scoparium*），它原产于新西兰，为授粉中的蜜蜂提供花蜜。在包括怀阿普河流域在内的东海岸地区，马努卡对土壤保持也非常重要。蜜蜂本身也有一段非凡的历史。19 世纪晚期，英国养蜂人玛丽·邦比（Mary Bunby）将它们引入新西兰，在从英国到新西兰的 6 个月航程中，她饲养了这些蜜蜂。她是岛上第一个养蜂人，可能是用马努卡花蜜来喂蜜蜂，这种做法后来得到了推广。21 世纪，马努卡蜂蜜到达了西方海岸，并在那里受到了生物化学家、健康评论员和演员的赞誉，称其具有抗菌和促进伤口愈合的特性。[27] 如今，蜜蜂正在帮助重新造林和保护毛利人的土地，减少侵蚀，并增加原住民社区的收入。种植马努卡可能是最著名和最赚钱的例子，农民和林业人员已将其他物种引入怀阿普河流域，以保护土壤，恢复曾经郁郁葱葱的生态系统。

通过种树来恢复景观是一种有效的保护和建设土壤的策略，在许多地方，这是最好的方法。树根是极好的土壤管理者，可以结合土壤颗粒，为微生物提供营养，并从土壤剖面深处吸收养分并向表层供应。新西兰政府的目标是在侵蚀地 150
区植树，但错误的政策导致了许多毛利人的排斥。例如，政府的排放交易计划鼓励通过种植松树等外来树木减少大气碳排放，而毛利人则渴望从他们的“whakapapa”（祖先血统）中恢复具有多样性的原生森林，也正是这种多样性能够构建土壤的法力并支持生态系统。19 世纪，欧洲人用牧场取代森林，破坏了毛利人的土地。如今，政府通过设计无视毛利人精神、传统习俗和土地知识的解决方案，重复了这种侵犯。尽管每个人都在试图弥合鸿沟，但政府作为一个整体与毛利人的哲学和土地实践形成了鲜明的对比。

毛利人运用他们充满智慧的管理知识，开始在新西兰土地恢复政策的制定中发挥更大的作用。他们希望与国家政府、地方政府机构、行业和一系列其他利益相关方合作，以重新找回他们的权利和文化遗产。世界其他地方的人也可以从毛利人对土地的精神和文化态度中汲取灵感。事实上，他们与土壤是伙伴关系，即他们相信自己属于土壤，这使他们成为有才干的土地管理者，也可以从与土壤缺乏这种精神联系的文化中学习经验。

当我们研究连接过去和未来的地下地带时，我们能从当地的土壤遗产中学到什么？首先是植物多样性。植物多样性是玛雅米尔帕森林花园、祖尼径流农业和毛利森林等几个地区共同的显著特征。每个系统都利用许多当地物种来养育和
151 固定土壤，支持一个健壮的生态系统。植物多样性是传统现代农业的对立面。在传统现代农业中，单一作物种植处于主导地位，杂草被根除，而且根据商品价格和生物燃料市场，农民愿意连续几年种植同一种作物。其次是水资源管理。玛雅人和伊富高人通过使用梯田，祖尼人通过建造水坝来降低水流的速度并使其改道。毛利人依靠树木阻挡雨滴，减小雨滴落在土壤上时对土壤团聚体的影响。再次是有机改良剂在土壤中的应用。在帕帕斯朵尔，农民用粪肥、草皮和海藻来

肥沃土壤。玛雅人和亚马孙人用杂草和其他植物废料，毛利人用贝壳、火灰和海藻，浮园耕作法用泥炭填充。所有这些做法都在农业地区产生了比周围土壤更肥沃的黑色土壤。最后，这些土地管理者都不犁地。使用棍棒、铁锹或手工种植方法对土壤的影响相对最小，使土壤能够保持稳固的结构。失败可以强化教训。当玛雅人停止了20年的土壤再生周期后，他们的米尔帕系统陷入了困境。当欧洲移民砍伐了毛利人土地上的森林后，新西兰出现了世界上最严重的侵蚀地块。

历史上农业系统失败和消失的例子比比皆是，以它们为生的社会往往也一起消亡。另一些则是经过几个世纪或几千年的持续实践，将过去和未来连接起来。被培育和保护的土壤会变得深厚而且发暗，保留了土壤和创造更多土壤蓝图的隐秘智慧。在短短几十年的时间里，农业活动消耗了地球上的大量土壤。看看那些在农业历史的大部分时间里维持其土壤的文化，我们应该对目前传统农业的发展轨迹感到震惊。我们可以做得更好。这些原则众所周知，而且这些实践也具 152
有适应性。保护土壤的责任不能推卸给原住民和环境保护人士。我们所有依赖主流农业生产的人，如果还打算继续吃东西，就必须要求管理上的大规模变革。

第九章

土壤群英

当我还是个孩子的时候，我最喜欢的一本图画书是关于 153
农场的。它的插图描绘了连绵起伏的丘陵，庄稼郁郁葱葱，奶牛点缀其间，一个农民开着红色的拖拉机，一个女孩把一桶桶新鲜牛奶从谷仓搬到一栋整洁的白色房子，周围是五颜六色的花朵，描绘了幸福的田园生活，一种看上去平静、持久、安全的生活。世界各地的现代农业与这种浪漫化的形象相去甚远。那是一种充满艰难选择和不确定性的辛苦生活。许多人种地是为了给自己的家庭生产食物。另一些人继承了埋藏着几代人的辛劳和历史的土地，他们觉得有义务继续耕
种。还有一些人笃信这种生活方式，愿意为保护自己的农业 154
生计做出牺牲。但所有这些农民的生活都不轻松。

成年后，我了解了图画书背后的真相，农民成了我的英雄。很少有像农业劳动这样复杂的工作。考虑到农民需要掌握的许多技能，以及多种土地景观（字面意义和比喻意义上的）总是在变化，他们需要对所培育的动植物的营养、疾病和生命周期有深入了解，以便匹配合适的品种、肥料、杀虫剂和饲料。他们必须根据当地气候条件优化种植、耕作、收

获和动物管理规则，同时还要考虑到长期趋势和今天的意外。变化的持续性意味着每一个决定每年都需要重新审视一番。

在大型机械化农场，农民必须修理复杂的设备，从挤奶机到拖拉机，并掌握会计、全球和本地市场、利率和贷款。他们需要遵守自己国家以及州或省的法规，同时要关注他们的产品将要销往的其他国家的法规。本地和全球的规章制度与食物偏好都会发生变化，因此某些商品的受欢迎度和盈利能力也会发生变化。那些在国内或国际市场上销售商品的企业面临着不可预测的供需关系变化。突然的天气变化或新的害虫和病原体会摧毁农作物或牲畜，可以在一夜之间改变商品市场。农民必须在天气和市场状况显现之前，为整个季节做出选择。

当一种新的健康主张出现或一种过时的主张被推翻时，对特定食品的需求会直线上升或下降。那些宣传杏仁健康功效的出版物，掀起了杏仁购买热潮。2015 ~ 2020 年，仅美国，杏仁需求就以每年 7.5% 的速度增长，预计到 2028 年，全球范围内也将出现类似的增长。[1] 但是杏树需要 5 ~ 12 年才能结出果实，从生物学角度来说，这使得农民根本不可能迅速
155 反应。需求可能会突然下降，就像它突然膨胀一样，让农民背负着毫无回报的投资负担。农民在他们所有的实际技能之外，还需要一点勇气和一点洞察力。

所有农业所固有的技能、风险和投资使得许多农场几乎无法生存，这并不会让人惊讶，但是小农却面临着一系列独特的挑战。大约有30亿人生活在大约50万个小于2公顷的农场中，这些农场生产了非洲、亚洲和拉丁美洲许多国家的大部分粮食。尽管这些小农在养活人口方面发挥着至关重要的作用，但在许多国家，包括马拉维、越南、玻利维亚和危地马拉，半数以上的小农生活在贫困线以下。[2] 许多国家缺乏投资种子、化肥或机械的资金，这使得它们无法提高产量或减少劳动力需求。小农也有责任承担平衡他们生产的粮食用途的额外挑战。同样的收获可以作为收入，满足家庭的直接饮食需求，或作为下一季播种的种子。对于缺乏储备的小农来说，这些决定的影响可能相当深远。

许多大型农场也有类似的边际利润，这使农民容易受到意外事件的影响。而21世纪头20年就发生了大量意外事件。2001年，口蹄疫在英国的流行导致政府要求牲畜管理人员屠宰所有易受感染的动物，这对肉类行业造成了灾难性的损害。而随后的复苏过程非常漫长。2019年新冠疫情对全球农民造成了打击，导致全球肉类、乳制品和生物燃料价格下降。由于人口流动限制，一些企业面临劳动力短缺问题。[3] 仅新冠疫情和蝗虫灾害的暴发，就造成了几十年来最严重的农业损失，让许多农民处于经济崩溃的边缘。2020年是又一个充满威胁的年份。

持续的经济不安全感会对农民的心理造成严重影响。在

156 世界范围内，农民自杀行为几乎比其他任何职业都要普遍。2014 年的一份报告显示，1997 ~ 2012 年，印度旁遮普邦的农民自杀率增加了 5 倍，比印度一般人口的自杀率高出 50% ~ 100%。2009 年，印度每 30 分钟就有一名农民自杀。2016 年，美国疾病控制与预防中心（Centers for Disease Control and Prevention）报告称，美国农民的自杀率是普通人口的 3 倍，并将农业列为男性自杀最多的五大行业之一。[4]

农业经营的风险促进了农民向大农场发展的趋势，因为大农场的利润比小农场高。[5] 大型农场培育了工业化农业，其特点是大量使用单一栽培、化肥、农药、抗生素和灌溉用水。工业化农业导致生物多样性丧失、含水层干涸和土壤退化。大型农场是中型农场整合的结果，中型农场曾是美国和其他许多国家农业的支柱，从蒙古国到巴西，工业化农业已经在这些国家生根发芽。许多人认为工业化农业已经取代了家庭农场，这里的家庭农场是指主要经营者及其亲属承担了一半以上的农业生产。事实上，如今的家庭农场占美国农作物生产农场的 96%。即使是在最有可能采用工业化做法的超大型农场中，也有 86% 是由家庭来经营的，这表明所有权类型和耕作方式之间不一定有联系。[6] 但是，无论是由家庭还是公司

所有，工业化农业都在剥夺作为资源的土地，并排挤中小型农业。

这就是土壤管理决策的背景。背景对于理解为什么要实施良好的土壤管理措施至关重要，尽管管理过程存在种种困难。它必须为新政策的设计提供信息，使管理措施的广泛传播成为可能。经济上的生存努力必然会推动个人选择。尽管 157
许多农民承诺保护土地的健康，但他们承担不起改变所带来的风险。虽然从长远来看，采用土壤友好的做法时，农业利润可能会增加，但初始成本却可能令人望而却步。政策必须减少农民采用新做法的障碍。

保护性农业是一种优先考虑土壤质量的可持续农业方法。其做法包括用树木降低风速，种植覆盖作物以保护主要作物之间的土壤，使用堆肥以增加有机质，采用间作以稳固土壤结构并防止其迁移。免耕种植可以减少犁耕，从而保持土壤结构。运河和管道将水从田地里排出，从而防止洪水和土壤流失。农民在山的周围使用等高犁耕而不是上下翻耕，以此来减小重力对土壤移动的影响。水平翻耕会产生阻碍水土移动的隆起，而垂直翻耕则会产生沟渠，为土壤流失提供方便的路径。这些都是当今农民可以采取的土壤保护措施。

保护性农业在美国的发展，部分是由 20 世纪 30 年代的沙尘暴推动的，那场沙尘暴摧毁了俄克拉何马州的平原和周边各州的部分土地。同样的耕作方式使平原地区在面对干旱和风蚀时更加脆弱，也使其他地区更容易受到水蚀的影响。在美国中西部地区的北部，许多农场在第一次使用犁耕后的 20 年内就失去了所有的土壤。到了 20 世纪 30 年代，当奥尔多·利奥波德（Aldo Leopold）——常被称为美国环保运动之父，游说富兰克林·罗斯福（Franklin Roosevelt）总统实施一个土壤保护示范项目时，许多人迫切地寻求解决方案。1933 年，罗斯福总统新成立的美国水土流失局（U.S. Soil Erosion Service）选择威斯康星州的库恩谷作为美国第一个水土保持
158 项目的实施地。库恩谷是一个分水岭，19 世纪陡峭山坡上的农业破坏了它，侵蚀把沟壑切割得如此之深，以至于不能继续耕种，甚至不能通行。库恩谷经常发生洪水而且富含包括农场土壤的泥沙，使得河水变浅变暖，导致当地大部分鳟鱼死亡。利奥波德和他的同事们与农民合作，用一套仍然是以保护性农业为核心的方法重建了山谷。等高耕作、重新种植林地、将陡峭的土地建成梯田、在玉米中种植深根的豆类条状植物，使库恩谷的土壤得到了修复（见彩图 6，下）。最终，侵蚀量减少了 75%，河床泥沙淤积减少了 98%。农民获得了毋庸置疑的经济收益，1934 ~ 1942 年他们的收入平均增长了 25%。[7]

尽管取得了这样的成功，但并不是所有的美国农民都采用了保护措施，即使是那些采用了保护措施的农民也仍然在翻耕种植，因此土壤仍在受到侵蚀。在利奥波德提出库恩谷项目的40年后，一种叫作免耕种植的戏剧性的新方法出现了，这种方法在种植时取消了犁耕，避免了在收获后对犁耕的需要。与传统的种植方法相比，免耕技术保存了上一茬作物的秸秆，方法是在残茬上直接将种子播入土壤，而不是将种子撒到翻过的犁沟中。这是农学上少见的令人兴奋的例子。我大学毕业的那一年，第一份关于免耕技术的研究报告发表了，报告称，与传统方法（如铧式犁）相比，免耕技术使土壤侵蚀显著减少了75%。[8]

在全世界范围内，免耕土地的平均土壤流失量并不比附近有原生植被的非农业土地多。相比之下，采用深耕方法种植土地的平均侵蚀量会增加10 ~ 100倍。在过去的几十年里，大量的研究表明，免耕作物的产量与传统技术一样 159
高，甚至更高，水的利用率也更高，而能源的使用量降低了7% ~ 18%，碳排放减少了2/3。在免耕技术引入之后，乐观的研究人员估计，到2010年，美国78%的主要作物将采用免耕技术种植。可惜的是，唯一实现这一目标的是南美国家，包括巴西和阿根廷。巴西74%的农田处于保护管理之下，阿根廷几乎所有的耕地都采用了保护措施。相比之下，美国目前只有大约 1/3 的耕地采用免耕技术。而在全球范围内，只有 13% 的农业用地采用免耕技术。在 20 世纪 90 年代之前，免耕技术的普及速度很慢。1999 ~ 2013 年，保护性农业用地平均每年扩张 800 万公顷，仅占全球耕地的 0.5%，但同时也有一个好消息，即在 21 世纪第二个 10 年中，许多国家开始迅速扩张，发展保护性农业。例如，2009 ~ 2013 年，中国保护性农业用地增加了 6 倍，乌克兰增加了 7 倍，莫桑比克增加了 17 倍，令人印象深刻。同一时期，叙利亚和土耳其等国家一开始没有对农业土地进行保护性管理，但现在已经广泛采用了这种方法。到 2015 年，叙利亚和土耳其分别将 3000 万公顷和 4500 万公顷土地用于发展保护性农业。[9]

尽管对土壤造成了破坏，但由于耕作的益处，农民继续用犁翻耕他们的土地，这主要是为了控制杂草。耕作清理了生长的杂草，掩埋了休眠中的杂草种子。转向免耕的农民必须采取其他的杂草控制措施，如作物轮作、休耕和使用除草剂。有两种化学药剂可以消灭杂草：一种是非选择性除草剂，可以杀死所有植物；另一种是选择性除草剂，可以杀死杂草
160 而不杀死作物。阿特拉津（莠去津）是最常用的选择性除草剂之一。1958 年阿特拉津被引入时，许多农学家和农民都称赞它能消灭多种杂草，而不对玉米、高粱和甘蔗等作物产生伤害。如今，阿特拉津的广泛使用已经引起人们的担忧，因

为它在环境中会不断迁移，对动物产生毒害。它成为地下水、小溪和河流中最常被检测到的农药之一。在这些地方，它会引起突变，扰乱动物内分泌系统，改变两栖动物的性发育并诱发畸形。[10] 农民在权衡他们的作物、土壤和环境的风险时面临着艰难的抉择。但有时我们甚至没有机会针对这一风险开展正确的交流。

1996 年，随着抗农达大豆的销售，出现了一种全新的杂草控制方法。该方法是将一种对草甘膦（除草剂农达中的有效成分）具有抗性的细菌基因转移到作物中，从而创造出转基因植物。其结果是，将一种相对安全的非选择性除草剂转化为一种高度选择性的除草剂，它可以杀死大多数植物，而不伤害具有抗性的作物植株。销售公司从农民购买抗农达品种的种子和除草剂中获利。这种作物的专利要求农民每年购买新的种子，而不是将第一年收获的种子保存到第二年再次种植。一些研究表明，农民从抗草甘膦的大豆和棉花中获得了更高的利润，但这些利润与它们为种子和除草剂制造商带来的收入相比就小巫见大巫了。[11]

我们不知道在土地上种植抗除草剂作物产生影响的全部程度或性质，但这些作物已经占世界大豆的 60%，和美国几乎全部的玉米和大豆相当。[12] 在短短 20 年内，草甘膦的使用 161
量增加了 15 倍，而如此广泛地使用一种植物物种的新基因可谓前所未有。农民和科学家已经对栽培品种的遗传一致性提出了担忧，这可能会使我们的主要作物普遍变得脆弱。研究人员已经记录了在引入抗草甘膦作物后，抗草甘膦杂草的出现和传播情况。[13] 不幸的是，这些记录在案的风险被对草甘膦和天然植物之间的关系仍有争议的证据所掩盖，模糊的论点认为转基因植物不是天然的。[14]

对转基因植物这种不是天然植物的担忧尤其会引起质疑。如果自然被定义为在自然界中发生而不受人为干预，那么农业几乎没有自然可言。现代作物品种经过高度育种，已经与它们的野生祖先大相径庭。用合成肥料和杀虫剂单一栽培的植物肯定是不自然的。巨大的钢耙在土壤中旋转也是不自然的。一个更有成效的对话将侧重于基因工程植物对人和环境的潜在和可衡量的影响，特别是与其他农业方法相比时的表现。

在所有关于抗除草剂作物的讨论中，公众容易忽视的一点是它们对土壤的益处。它们不需要通过耕作来控制杂草，从而改善土壤结构，减少侵蚀。然而，一些国家禁止转基因食品，而且要求必须在欧盟和全球市场的其他成员国家贴上标签，这阻止了一些农民种植转基因作物。在美国，经过有机认证的食品不能含有转基因植物，这导致许多有机农民使用集约化耕作来控制杂草，从而削弱了他们的土壤肥力。转

基因作物的风险和收益之间的平衡仍不明朗，但有两件事是 162
清楚的：土壤健康属于讨论范围；科学家和工程师亏欠农民的是除耕作和除草剂以外用来控制杂草的方法。

杂草控制问题说明了农民选择的复杂性。除了考虑耕作对土壤的影响外，他们还可能权衡阿特拉津已被证实的动物毒性、草甘膦可能的致癌性、除草剂和转基因植物已知和未知的环境影响，以及他们是否瞄准了禁止转基因食物的市场。而所有这些选择又都必须考虑其农场的特性以及如何获得足够的利润来度过下一季。

覆盖作物提供了另一种保护土壤的方法。利奥波德是使用覆盖作物以防止在收获和下一次种植之间发生侵蚀的倡导者之一。尽管秋天耕作受到许多农民的喜爱，因为可以消灭杂草，使来年春天可以提前播种，但秋耕会破坏土壤结构，因为土壤需要在反复无常的天气中暴露长达 8 个月。长时间暴露在风和水中是对土地的一大威胁。气候变化加剧了世界许多北部地区的这一问题，因为降雪量在减少，这使土地在冬天没有遮盖。覆盖作物可以保护土壤，支持在冬季休耕的几个月里继续忙碌工作的微生物，鼓励一个活跃的、丰富的微生物群落在春天降临。

有几十种植物可以作为覆盖作物，包括豆科植物（如三叶草和野豌豆）、芥菜（如油菜和白萝卜）和小谷物（如黑麦、藜麦和燕麦）。这类植物通常会在霜冻前长出足够的根和叶，从而能在冬季拦截风和水，为土壤运动提供一道屏障。在春天，覆盖作物可以有多重处理方式，包括收割、用化学
163 处理杀死，或用犁翻入土壤以增加其养分。主要作物的种子可以直接插播至覆盖作物之下，而覆盖作物还将继续承担保护和滋养土壤及其微生物群落的任务。[15]

作物轮作也能补充土壤。一种植物所消耗的营养物质可能会被另一种植物取代，使饥饿的微生物在一段时间内失去它们最好的宿主，从而中断了病原体的循环。尽管大多数农民知道轮作的好处，但如果玉米比大多数行栽作物利润更高，市场价格也较高，特别是在鼓励种植用于生物燃料生产的玉米的情况下，许多农民就会年复一年地连续种植玉米。在现代作物中，玉米对土壤的破坏性也是最大的，因为它细小的根系几乎不会留下任何残留。在传统管理下，连续种植玉米会吸收土壤的养分，破坏土壤的结构，降低土壤的恢复力，从而使土壤退化。土壤科学家中有这样一种说法：每收获 1 公斤玉米，农田就会损失 1 公斤土壤。如果全世界生产 10 亿吨玉米，那么每年 240 亿吨的土壤流失中，传统玉米生产要承担很大一部分责任。玉米与滋养土壤的作物轮作，对保持土壤养分、有机质、结构和持水能力至关重要。在温带地区，

农民经常用玉米和大豆轮作。在奶牛养殖区，轮作植物还包括作为干草或青贮饲料喂给奶牛的苜蓿。大豆和苜蓿都是豆科植物，因此它们的固氮细菌能为土壤添加氮，而且它们都有强健的根系。然而，尽管作物轮作在保持土壤健康和减少侵蚀方面的价值已得到证实，但 2013 年，美国中西部在同一片土地上连续四年种植玉米的农场数量翻了一番。利润必然是农民计划再耕种一年玉米的主要动力。[16]

间作是对轮作的一种替代或补充。与玛雅人的间作不同， 164
在这种间作中，植物种类混合在一起，大规模的间作通常只需要用扎根很深的草原植物取代一小部分主要作物，这类植物可以减缓或阻止水在土地上的流动。策略性地种植草原植物可以减少 95% 的侵蚀，并有附带的益处，如为传粉者提供栖息地和减少土壤中一氧化二氮的排放。[17] 无可争议的证据表明了减少耕作、覆盖作物、作物轮作和间作的有益影响，但它们仍未得到充分利用。

当保护性农业对农民来说代价高昂时，就会与农业现实发生冲突。覆盖作物需要额外的种子。免耕技术需要新的设备。轮作需要连续几年种植利润较低的作物来补充土壤。玉米与深根的多年生作物间作减少了农民种植主要作物的土地面积。在美国，间作减少了作物保险费，这是基于与前一季相比种植主要作物的土地数量。玉米种植面积减少10%意味着作物保险费减少10%，这是保险公司无法容忍的。从长远来看，大多数土壤保护方法能在经济上获得回报，因为它们提高了土壤肥力，降低了作物病虫害的发生率，从而降低了化肥和农药的成本。在巴西，免耕技术使土地价值提高了50%，保证了长期的财政收益。[18] 土壤保护措施的巨大收益超过了其有限的成本，但即使是很小的初始经济损失，也会阻止它们在利润微薄的脆弱农业经营中被采用。

当今，诸如永续农业、有机农业和再生放牧等农业运动已在不同程度上站稳了脚跟。最接近玛雅人的米尔帕系统的
165 永续农业始于20世纪70年代中期的澳大利亚，当时人们相信园艺是最可持续的农业形式。它的从业者遵循当地生产和消费的原则，理解土地和流经土地的水流，最大限度地减少浪费和能源使用。这些原则导致了包含生物多样性的植物群落的粮食生产系统。永续农业从业者观察其土地的拓扑结构和水流，以设计作物生产和收集水的区域。他们通过积累有机质和减少耕作的干扰来恢复土壤活力。2021年，全球永续农业网络列出了全球2655个永续农业项目，包括由墨西哥玛雅农民管理的部分项目。[19]

有机农业为典型的现代农业方法提供了另一种选择，比

永续农业得到了更广泛的应用。其方法基于健康、生态、公平和关爱四个原则。[20] 这些目标涉及维护土壤的健康，结合生态系统及其周期，确保公平使用环境资源，并为了子孙后代的利益对这一系统进行保护。尽管这些崇高的理想有点模糊，但它们已经演变成一套不使用化学农药和化肥并保护土壤的方法。

有机食品运动始于 20 世纪初，在印度的阿尔伯特·霍华德（Albert Howard）爵士、美国的富兰克林·金（Franklin Hiram King）和德国的鲁道夫·施泰纳（Rudolf Steiner）的推动下开始。这些先驱者主张用粪肥、堆肥、覆盖作物和作物轮作来维持土壤健康，并使用生物手段来控制害虫。这一运动在瑞士和德国得到了发展，1928 ~ 1933 年，这两个国家制定了第一个有机农业标准。在英国，伊芙·巴尔福（Eve Balfour）夫人在 20 世纪四五十年代成为有机农业的有力倡导者。她写了一本书，这本书对有机食品运动产生了重大影响。她还与人共同创立了土壤协会（Soil Association），倡导永续 166
农业方法。她还开始了第一个有机农业的长期实验，被称为豪格利实验（Haughley Experiment）。该实验表明，在有机管理下，土壤获得了肥力，蚯蚓的密度和多样性更高。如今，伊芙夫人的土壤协会为英国 70% 的有机食品提供认证，并继续宣传使土壤肥沃、防止土壤流失的耕作方法。早期的有机食品运动挑战了功利主义对待土地的态度，认为土壤是一个生态系统，是一个可以加强或削弱的活的系统。该运动的相关实践已经认识到培育土壤的重要性，以确保有土壤可以用来种植一茬又一茬的作物。

自 20 世纪中期伊芙·巴尔福夫人倡导有机农业以来，有机农业得到了发展。2018 年，全球有机食品市场规模超过 1650 亿美元，预计到 2027 年将翻两番。虽然全球只有 1.5% 的农田用于有机生产，但在某些国家却占了相当大的比例，如列支敦士登的 38%、萨摩亚的 34%、奥地利的 25%。在 21 世纪头 20 年里，欧盟用于有机农业的土地面积几乎增加了 7 倍，而在此期间，全球有机食品销量增长了 5 倍。在美国，有机生产不能满足国内需求，有机食品中，75% 的大豆、50% 的玉米、超过 50% 的水果和 1/3 的蔬菜都需要进口。一个令人担忧的问题是，有机农业的平均产量比常规产量低，大概低 30%，这可能需要增加专门用于粮食生产的土地，这对土壤不利。[21] 有机农业的成熟需要突出考虑生产力、土地利用和土壤管理问题。

167 ——————

并不是所有的现代农业都完全符合传统农业（高耕作和化学使用）、永续农业或有机农业的范畴。一些农民并不遵从正统的耕作方法，而是会根据当地的情况来调整。乔·布拉格（Joe Bragger）就是这么做的。他的农场位于威斯康星州没有积雪的地区，那里陡峭的山丘和深谷在上次冰川期夷平了该州大部分地区之后依然存在。布拉格的农场位于该州西部边界名为独立镇（Independence）的地方。对于一个城市人来说，开车穿过独立大道就像进入了时间隧道，把游客带到了一个不那么混乱的时代。独立大道上有建于 1908 年的罗马复兴风格的市政厅、歌剧院，有当地啤酒厂周五晚上举办 BBQ 的广告，还有一座老式加油站，上面展示着 Texaco 标志性的红星，还有一个古色古香的煤气泵，表面刷着闪亮的深红色油漆。尽管这个小镇的外观看起来像 20 世纪的，但乔·布拉格的农场却是 21 世纪的。

深沟大壑地区的土地坡度提醒着研究土壤的人注意农业的危害。基于防止侵蚀的两个原则，乔建造了水坝和水道，以控制水流，并在营养物质离开农场之前进行拦截。他还使用覆盖作物、免耕技术和作物轮作来改善碳和土壤结构。他以亲历者的身份热情地描述了覆盖作物的影响。有一年夏天，一场降水量 12 厘米的暴雨就让只种玉米的田地损失了几厘米厚的土层，但有覆盖作物的田地几乎没有损失。那个季节的晚些时候，乔惊讶地发现，田里种了覆盖作物的玉米又高又直，而没有覆盖作物的玉米又矮又斜，就像比萨斜塔的结构。
现在他不再让田地表面裸露，会在秋天种上黑麦或其他覆盖 168

作物。近几十年来，气候模式变得极端，但布拉格的农场已经成熟。得益于多年的保护管理，它在威斯康星州夏天已司空见惯的强烈暴雨中表现出色。2013 年 6 月，一场历史性的暴风在一天内带来了 35 厘米的降水，冲毁了附近的桥梁、道路和农田，大量土壤被冲进小溪，但布拉格的农场没有受到任何破坏。土壤积累了足够的碳来维持其结构，即使面对罕见的洪水，也能将其固定在陡峭的山坡上。

乔·布拉格不只是对他的耕作方法有信心，他还有数据证明这些方法的有效性。2002 ~ 2008 年，来自威斯康星大学推广项目的科学家们对他的农场进行了研究，证明了他的耕作方法既保持了土壤又保持了水。他们表示，35 厘米的暴雨所带来的降水，98% 被他的免耕田地吸收了！布拉格的农场为应对气候变化积聚的风暴做好了防御准备，但它可能没有为即将到来的经济天气做好准备。那些垄断市场的大型农场的入侵，以及低牛奶价格和新冠疫情的影响，都是对家庭农场生存的挑战。它的保护性耕作方法可能使它更有利可图，但如果国家不改变农业的财政激励制度，可能不足以确保它的生存。

非洲的退化土地比其他任何大陆都多。退化的 7 亿公顷面积与澳大利亚面积相当，这为通过景观恢复在环境方面取得的实质性进展提供了机会。非洲联盟做出特别承诺，到2030年恢复1亿公顷退化土地。许多非洲国家正在探索将树木作为恢复土地和应对气候变化的首选工具。将树木与作物套种的 169
农用林业和将树木与牲畜生产相结合的林业都可以恢复土壤碳和氮，增加作物产量，并改善该地区数百万人的生计。通过减少作物歉收、降低荒漠化方面的脆弱性、恢复该大陆的生物多样性、减少家庭对单一主食的依赖，这些系统收获的产品多样性提高了土地和人口的复原力。

一种特别有效的重新造林方式是被称为农民管理的自然再生（Farmer-Managed Natural Regeneration，FMNR）的传统农业做法，或者农户管理型自然更替，形成了作物、牲畜和树木镶嵌生长的格局。这种做法的显著特点是，这些树是从土壤中已经存在的活树桩中重新生长出来的，而不是从种子中生长出来的。树桩再生速度更快，实施这个过程所需的劳动力更少（见图14）。[22]

在尼日尔，FMNR将粮食产量增加了50万吨，相当于9亿美元，养活了250万人。在一些地区，由于住所附近有树，女性获得柴火的机会增加了，她们每天收集柴火的时间从2.5小时减少到30分钟。许多人因此腾出了足够的时间来创业。一项对尼日尔、布基纳法索、马里和塞内加尔萨赫勒地区的研究表明，农用林业大大提高了家庭收入。这些国家和地区

图 14　树桩上的新生

插图：利兹·爱德华兹

在 20 世纪 80 年代的干旱中遭受了严重的损失。FMNR 引入了一种混合种植的树木，可用于生成果实和木材、固氮。将树木、谷物和蔬菜作物混合种植是有利可图的。例如，在尼日尔，拥有 12 位成员的家庭通过持续采用农用林业方式，平均每年增加了 72 美元的收入，这在一个家庭平均收入为 617 美元的国家，的确是一笔可观的收益。FMNR 的其他益处包
170 括人们饮食结构的变化、来源的多样化和土壤肥力的提高。

在埃塞俄比亚北部，这种农业使60眼泉水恢复了生机，提高了地下水的补给能力，减少了径流和侵蚀，使5130户家庭的粮食产量增加了5倍。蜂蜜的生产已经起步，建筑材料更容易获得，家庭和土地的恢复力都得到提高。[23]

科学家们对一些与FMNR相关的发现感到惊讶。2020年， 171
一项针对加纳和布基纳法索316个地块的研究报告称，退化越严重的土地从树木中获得的受益越多，这表明适应贫瘠土壤条件的物种主导了树木的再生。其他研究表明，沙质土壤碳含量增加最多。[24]

这种耕作方法在生态和经济上都是合理的，而且效果显著。扩大FMNR管理的土地可以显著改善非洲小农的生计，并通过增加土壤中的碳固定来降低大气中的碳含量。

另一个前沿的、有前途的土壤保护方向是在畜牧业领域。世界上的大部分农田是家畜的家园，因此家畜的栖息地对保护地球土壤至关重要。一个奇怪的悖论始终存在于野生动物群和牧场中大型动物群体的历史中。数千年来，成群的野牛、大象、美洲驼和其他动物在稀树大草原和平原上迁徙，它们的排泄物造就了世界上最肥沃、最深厚的土壤。然而，现代牧场被指责为土壤侵蚀和沙漠化的罪魁祸首。对不同管理方式下牛群影响的新研究为这一悖论提供了一种解释。

这一进步来自以密集轮牧为基础的再生畜牧业的发展。这种方法需要在小块牧场上密集地放养奶牛，并经常移动它们。牧民们用围栏把牛赶到一起，吃掉大约一半的植物生物量后，把它们转移到一个新的区域，每天或更频繁地重复这个过程。该研究成效显著。转向再生放牧后，博茨瓦纳绿洲农场的牲畜数量增加了 1 倍，而对土地没有任何不利影响。
172 智利的内华达牧场开始时土地出现了严重侵蚀，但很快就恢复了，并产生了新的植物物种，增加了土壤的碳含量。转向再生放牧使南达科他州的一个野牛牧场的野牛群规模增加了 5 倍，随后植物生物量增加了 1 倍，渗入土壤的水增加了 2 倍，土壤碳大幅度增加。在美国北部的另一个牧场，土壤的持水能力提高了 2 倍。在津巴布韦，牧场主现在定期通过再生放牧来更新土地，扭转沙漠化，于是观察到土壤碳和有机质增加，微生物群更活跃，植物多样性更丰富。一项对墨西哥恰帕斯 18 个传统牧场和 7 个再生牧场的研究表明，再生牧场每公顷养的奶牛更多。此外，成年牛和犊牛的死亡率较低，而且它们需要的化学物质输入较少。再生牧场土壤更深，透气性更强，植被也更密集。[25] 最初对牛的幸福感的担忧已经不复存在，证据表明，拥挤的环境更接近野生牛群的生存环境，可能对牛产生的压力更小。

由于牛会产生大量甲烷，所以传统牛肉生产成为解决气候问题的对象。但有些人认为，再生放牧使牛肉生产成为温室气体的净消耗者！一项研究表明，在最后的饲养阶段，传统做法导致每公斤胴体释放 6 公斤二氧化碳当量，而再生放牧的牛肉每公斤胴体净减少 6 公斤二氧化碳当量。[26] 这些研究得出了一种惊人的可能性，即牛可以在既促进更多的碳固定而不是释放，又不会引起土壤侵蚀的条件下饲养。乍一看，基于碳在食物链中的基本原理，这似乎是不可能的，但怀疑者已经从另一个角度进行了研究。科学家推测，再生放牧的条件更接近于一群动物为了躲避捕食者而密集进食的自然行为， 173
并频繁地在陆地上迁移，这种行为在人类扰乱该系统之前就已经在非洲和北美肥沃的淋溶土和黑土上出现。土壤碳的增加可能是由于植物停留在快速生长阶段的时间比传统放牧更长。这些植物被动物修剪，然后重新生长，如此循环往复。与传统的放牧相比，再生放牧使植物的光合作用增强了。传统的放牧方式下，植物被啃得只剩若干小块，需要数周的恢复时间才能重新生长。因此，还需要进行更多的研究来确定碳效益的程度，但有证据表明，再生放牧方式比传统方式更有利于保持土壤和碳这两个要素的平衡。

再生放牧的批评者指出，当土壤达到其碳储存能力上限时，这一过程将不再是净碳汇。但是，大多数受传统畜牧业影响的土壤，要将碳完全恢复到以前的水平，还有很长的路要走。也许有些土壤可以吸收比人类出现之前更多的碳，比如亚马孙暗土和帕帕斯朵尔堆肥农业产生的土壤。换句话说，我们可能会用巨大的人类土壤覆盖地球，这种土壤将比我们继承的土壤更深厚、碳含量更丰富。

位于东纽约社区布鲁克林的“粉红屋”（Pink Houses）生动地提醒我们，如今的土壤管理工作已经不是农村社区的专利。“粉红屋”项目以其50年的黯淡历史而闻名，由于纽约市住房管理局（New York City Housing Authority）的忽视和管理不善，遭到撤资，导致数十起安全违规问题得不到解决，居民被抛弃。但在这12公顷的红砖建筑群中却有一幅意想不
174 到的景象——由精力充沛的居民照料的郁郁葱葱的菜地。园丁们分发大量的黑色堆肥，种植各种各样的蔬菜，通过锄地管理杂草，并得到回报。2018年，“粉红屋”社区农场向900多名居民分发了1000多公斤的食物，作为回报，居民提供厨房垃圾生产肥料，用来滋养土壤。[27]

像“粉红屋”这样管理良好的城市农场能够通过植物多样性、堆肥应用和污染土壤的修复来培育土壤。“粉红屋”是“东纽约农场”（East New York Farms）项目的两个城市农场之一。农场的负责人是伊耶西马·哈里斯（Iyeshima Harris），她是在加勒比海长大的社区活动家，她通过祖母的花园与这

片土地建立联系。12 岁时，移民到美国的伊耶西马发现自己被纽约坚硬的表面所包围，与外隔绝，所以她在其高中学校后面建了一个社区花园。在大学和全职工作期间，伊耶西马将她的农业经营扩展为“东纽约农场”项目。她在那里指挥着 40 多名工作人员和年轻人。受伊耶西马的远见和精神感染，她的员工和志愿者管理菜园，并在当地农贸市场出售其产品。在过去 20 年里，该市场欢迎来自社区多种文化的美食。伊耶西马·哈里斯充满激情和想法，已成为东纽约社区的标志，为她的社区带来农业和新鲜农产品，并滋养了土壤、植物和人类精神。为了将城市居民与土壤和土地联系起来，伊耶西马必须面对在城市黑人青年中普遍存在的农业与奴隶制的强烈联系。她帮助他们用新的含义取代过去令人厌恶的形象——农业是一种赋权形式，使人们能够收回自己的土地，控制自己的粮食供应和营养。

他们在东纽约社区的城市农场的健康土壤更加令人惊讶， 175
因为它位于纽约市，一个因其存在被铅和其他重金属污染的有毒土壤而臭名昭著的地方。在布鲁克林有毒的表面下静静地躺着美国最宝贵的土壤，这些土壤大约在 2 万年前开始形成，当时最后一次冰川期留下了 100 米深的沙子、淤泥和岩石沉积物，形成了今天的土壤。几十年来，纽约市的建筑项目已将 200 万 ~ 300 万吨表土运往有毒废物倾倒场。纽约市创建了世界上第一个城市土壤交换平台“纽约市清洁土壤银行”（the NYC Clean Soil Bank），为社区花园等当地项目提供土壤。纽约市去除掉有毒的土壤层，挖掘出存在于下面的清洁土壤。在 5 年的时间里，土壤库已经运送了 50 万吨土壤（足以把洋基体育场填到 30 米深）。[28]“粉红屋”的社区农民也是受益者之一，他们也建立了自己的清洁土壤银行，以确保自己独立于市政项目。曾经被埋在地下的土壤由于有毒层的屏障而无法使用，现在它们被带到了地面上，并因堆肥和良好的耕作方式变得更加肥沃，在增加地球碳储备的同时，也使其适合为居民提供食物。

纽约的城市花园是世界范围内提高粮食产量和改善城市土壤运动的一部分，为城市居民提供当地生产的食物，连接土地和更健康的环境。混凝土农场的不协调引起了公众的想象。如今，全球有 8 亿人从事城市农业，他们以种植作物、草药、水果，采集蜂蜜，饲养鱼和其他动物为生。这些创新农民在院子里、废弃的土地上、屋顶上和温室里建立他们的企业，以满足食物沙漠中的当地人民对营养产品的需求。他们还雇用当地青年，教他们农业技能，为他们提供绿地。这
176 些农场的范围从雅加达的微型花园到巴黎一个仓库屋顶上 1.3 公顷的花园不等。新型冠状病毒大流行期间，城市农业在亚洲蓬勃发展，养活了从新加坡到印度的许多家庭。专家预测，

到 2050 年，城市粮食产量将超过 1.8 亿吨，可以养活全球 2/3 的城市人口。城市农业的未来是光明的，它可以提高人类营养和改善城市生活，加固土壤，捕获温室气体。[29]

想象一个农业的新未来是很有趣的，在这个未来中，粮食在农村土地上生产，也在城市的后院和屋顶上生产，由具有古老传统技艺的原住民和拥有保护性农业技术的新手管理。牲畜将以密集的轮牧方式饲养，以减少它们的碳足迹和土壤损耗。在这一版本的未来中，除了种植作物外，农业还将培育土壤，增加碳储量，确保未来的粮食生产，并减少温室气体排放。农民将得到补偿，因此他们不必在自己的生存和地球的生存之间做出选择。农民已经是我的英雄，但如果他们解决了土壤和气候危机，他们将是所有人的英雄。

第十章

拥有土壤的世界

合作是一种最引人注目的动物行为。例如，野牛成群结 177
队地驱赶掠食者，海豚在母亲分娩时聚集在一起，成群的鹈
鹕一起聚集鱼群使捕猎更容易，蜜蜂集体颤抖为蜂王取暖。
疯狂的长角蚁合作运输食物，因为这些食物太大，单只蚂蚁
无法搬运。人们经常利用合作来进行社会变革，但有时人们
会放弃合作，结果令人沮丧。在我们推进一项新的土壤保护
运动时，广泛的合作是必不可少的。我们把这个运动称为
“拯救我们的土壤”（Save Our Soil，SOS），看看需要什么才
能把一个想法变成一场运动，首先在国际层面，然后在美国 178
层面，作为国家土壤政策的一个案例进行研究。

“拯救我们的土壤”运动需要迅速启动，以确保我们有足够的土壤来维持整个 21 世纪的粮食生产，但幸运的是，已有工具就可以催生有意义的变化。在过去的一个世纪里，人们对使用了数千年的土壤保护耕作方法进行了研究，因此，成功的土壤管理策略是基于长期经验和清晰且令人信服的科学的，这是许多其他环境运动所缺乏的因素。免耕技术、覆盖作物、间作、水资源管理和密集轮作放牧的广泛使用将使大

部分农田的土壤不再发生侵蚀。因此，问题不在于如何拯救土壤，而在于如何激励或要求人们采取行动来拯救土壤。从国际层面来看，巴黎举行的 COP 21 是全球合作的典范。尽管《巴黎协定》签署后，人们对后续行动有限和行动不足感到失望，但在制定有关碳排放的国际协定方面的一致呼声为全世界团结在一个共同关切的问题上提供了希望。而新冠疫情也为我们提供了另一种务实的合作模式。

政府在新型冠状病毒大流行期间的行动和个人的行为表明，快速合作行动是可能的。尽管美国政府和其他几个国家在遏制病毒方面的最初反应不足，但最终的合作令人印象深刻。而科学家们提升了这一合作。全球冠状病毒专家分享数据，集思广益，每周举行三小时的研讨会，讨论这种病毒的各个方面——感染过程、治疗、消毒剂、口罩和疫苗。各国政
179 府合作制定了控制病毒大流行的策略，几家私营公司在短短几个月内迅速研发并分发疫苗，在监管机构、卫生保健工作者和公民的支持下，完成了前所未有的壮举。尽管在一些国家，佩戴口罩的情况糟糕得令人抓狂，但忠实佩戴口罩并遵守社交距离准则的负责任的人挽救了数百万人的生命。土壤领域的合作也值得达到应对新型冠状病毒的程度。

土壤是一种地方管理资源，但往往需要在国家层面提出要求。各国对其土壤享有毋庸置疑的统治权，相当于土地和领土。然而，土壤在河流和尘埃云中自由流动，正如我们看到的撒哈拉沙漠横贯大陆的移动和尼罗河的泥沙跨越国界的运输，使其来源难以辨别。事实上，没有一个国家仅拥有属于自己国境的土壤。土壤为食品、饲料和纤维等农产品生产提供了平台，而这些都是全球性商品，经常在产地以外使用。土壤与气候的关系巩固了土壤作为一种共享资源的地位，应部分通过国际合作加以管理。

尽管有关环境的多边条约已经斡旋了 120 年，但国际社会却几乎没有签署过有关土壤的协议。1982 年联合国环境规划署的《世界土壤政策》(World Soils Policy）和联合国粮农组织的《世界土壤宪章》(World Soil Chatter）以及 1994 年的《荒漠化公约》(Convention on Desertification）都承认土壤是不可再生资源，却将其保护委托给各个国家，且不受国际监督。这些条约没有提出问责机制。1991 年被阿尔卑斯山脉横断的欧洲国家为保护该山脉的土壤而达成的协议于 1998 年通过，并于 2006 年生效。这一协议认识到高山景观的脆弱性，并提出了一项土壤保护计划，以确保其可持续利用。[1] 尽管协 180
议签署后实施的措施保护了大片的高山土壤，但几乎没有证据表明，如果没有该协议，就不会采取这些措施。然而，保护阿尔卑斯山脉土壤的协议提供了一种很好的模式，展示了各国如何合作保护一种区域共享资源。现在，我们应该超越区域协议，推动一项全球宣言，认识到土壤既至关重要，又处于危险之中，它还是减缓气候变化的工具。该宣言还必须包含可用于问责的目标和措施。

研究表明，许多人对气候变化感到焦虑甚至悲痛。尽管我们每个人都可以通过节约能源来减少碳足迹，但个人很少有机会消除温室气体，这让那些希望改善气候未来的人感到沮丧。这些世界公民将因有机会采取平权行动而受到鼓舞，而不仅是被禁止从事某些活动。在 2009 年为世界银行准备的一份关于全球应对气候变化失败的报告中，研究公众对气候变化态度的社会学家卡莉·玛丽·诺加德（Kari Marie Norgaard）描述了一种集体的挫败感和瘫痪症，这导致了人们对气候变化持普遍的冷漠态度。她认为，人们试图保持一种个人能动性和对自己命运的掌控感，而研究气候变化问题将他们推向了另一个方向，使其走向无助、恐惧和内疚。民众也希望保护因承认自己和国家的气候灾难而削弱的个人自豪感和民族自豪感。诺加德的研究揭示了人们倾向于避免的两种行为，一是考虑人类面临的风险，二是参与偏离文化规范的行为。这是规划
181 制定时值得考虑的社会变化的两个方面。[2] 她的工作为制定政

策提供了关键路标。至关重要的是，国际联盟和国家战略应侧重于积极行动，恢复我们脚下的大地，让我们的社区（无论是地方、国家还是全球）因实施这些战略而感到自豪，并创造新的文化规范。因此，各级领导人需要关注基于科学证据的长期战略，而不是快速解决问题，因为这可能会使我们产生问题正在解决的错误安全感。

国际协议是保护共享环境资源的工具。创建一个新的土壤契约可能是 2015 年巴黎气候大会提出的 4p1000 计划的更新版本。4p1000 计划的支持者非常有限（只有 29 个国家签署），部分原因可能是其目标过大。提出 4p1000 计划的人并没有真正期望地球上每公顷土地的碳含量每年增加 0.4%，但其他人就是从字面意义上来理解的，因此认为这是不合理的目标。一些国家反对不具体的目标或里程碑。虽然文本中有不同的表述，但从标题中就可以看出，所有国家都要遵守相同的数量标准。因此，比起邀请各国制定符合本国土壤实际的目标和战略，它更有可能被认为是统一的目标。[3]

那么，怎样才能制定一套土壤碳封存的可行目标呢？首先，切实可行的目标必须将范围缩小到农业用地。巴黎气候大会后的两项研究估算，全球土壤管理的变化有可能每年在农业土壤表层额外封存 20 亿 ~ 30 亿吨碳，这将占目前排放量的 1/3；另一项研究估算，到 2025 年，仅美国农田和牧场

182 的土壤保护措施每年就能额外封存 0.75 亿吨碳。也有人认为，这一估算过高，因为它没有考虑到与某些农业活动扩张伴生的活动可能带来的排放增加，例如畜牧业。[4]

土壤最终会达到其碳承载能力的极限，但在此之前能吸收多少碳还存在争议。一些研究人员估计，在全球范围内，土壤每年最多可以额外储存 4 亿吨碳。4p1000 计划的批评者认为，土壤的碳承载能力是有限的，因此一旦达到平衡，该计划将不再有效。如果我们的问题仅仅如此那该多好！如果世界上所有的农业土壤都达到了碳承载能力，侵蚀的影响就会降低到可以忽略不计的程度，温室气体也会减少。而且，碳封存的潜力可能比目前估计的要大。大多数研究对总碳承载能力的估计没有考虑到这样一种可能性，即农业土壤可能被调节到比耕种前拥有更多碳的程度。如果这样，这将意味着超过土壤健康差距，即耕地和周边未管理土地碳含量之间的差距，缩小差距已被建议作为增加土壤碳含量的目标。[5] 亚马孙暗土和北欧的堆肥农业是土地管理的两个例子，它们的碳含量就比周围未受影响的地区高。土壤健康差距提供了一个基准，但部分地区可能远远超过它。

如果世界农业土地每年增加 4 亿～ 10 亿吨碳封存量（保守估计），按照目前化石燃料每年排放 90 亿吨碳计算，就相当于减少了排放量的 5% ～ 10%。如果更乐观地估计可以实现每年吸收 30 亿吨碳的目标，那排放量将达到目前的 30%。无论是 5% 还是 30% 的排放量，增加碳封存必须是一系列政策中的一项，这样就可以充分减少排放，以确保地球升温保持 183
在《巴黎协定》所述的 2℃的毁灭性增幅之下。[6] 在土壤中固碳的机会绝不能助长人们对其他气候缓解研究和行动的自满情绪（见图 15）。

虽然对碳吸收速度和程度的预测可能有所不同，但有一个基本前提几乎从来没有分歧，那就是自 1850 年以来，地球土壤中失去了 25% 的碳，成了一个待开发的碳储存库。[7] 为了土壤本身，改善土壤健康是一个值得追求的目标。无论是 5% 还是 30% 的排放量，减少部分温室气体排放的附带效益都

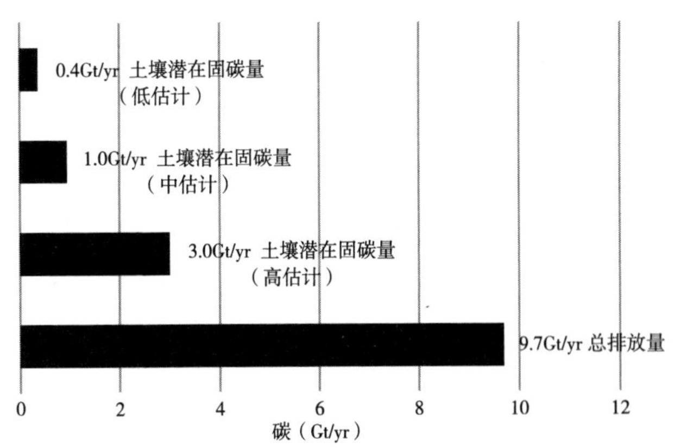

图 15　与化石燃料排放相比土壤中潜在的碳封存能力

插图：乔·汉德尔斯曼

是令人信服的。两个目标都值得追求，它们的结合应该极为诱人。

修订后的4p1000计划应使各国能够根据其土壤类型和用
184 途调整目标。退化的土壤比健康的土壤更容易吸收碳，而且土壤的碳承载能力存在差异，因此各国的固碳速率也将不同。目标应该被重新制定，或者由一个类似于COP 21的全球机构来取代。新的或修订的计划可以重点关注农业和农用林业用地，这是广泛侵蚀的来源，也是我们最能控制碳吸收的地方。新计划应该提出切实可行的目标，而不是雄心勃勃的目标，确定里程碑，并为每个国家制定自己的目标提供灵活性。有了这些修订，可能会有更多的国家承诺加入。它应该在世界舞台上展示它所能激起的所有乐观情绪，让世界上的许多公民重拾恢复地球健康的希望、自豪和信念，而这些在以往令人沮丧的气候讨论中已经不复存在。

无论国际社会采取何种措施，美国都必须采取战略行动计划，因为美国的农业足迹广泛，土壤质量高但非常脆弱，且农业能源消耗大。虽然没有一项单一的计划可以适用于所有国家，但这里提出的步骤可以作为一个案例进行研究，以促使其适应其他文化和地形。

2005 ~ 2014年，由于美国农业部实施的自然资源保护局项目，美国耕地和牧场的有机碳增加了 5 倍，该项目旨在为农民提供促进土壤健康的最佳做法。土壤和气候专家基思·保斯蒂安（Keith Paustian）和他的合作者建议，美国应该加快土壤中的碳封存速度，到 2025 年再增加 5 倍，然后在 2025 ~ 2050 年进一步加快。他们认为，我们需要利用表层
20 厘米的草场和农田土壤的碳封存潜力，到 2025 年，这些土 185
壤可以封存高达 0.75 亿吨的碳。此后，每年增加 0.4% 的土壤碳，约 0.75 亿吨，相当于美国农业碳足迹的一半和 1400 万美国居民的碳足迹。[8] 这种碳吸收的速度可以持续下去，直到达到平衡。到那时，美国的土壤将变得更健康，不易被侵蚀，对化肥的要求也会降低。

这些目标需要整合到国家政策文件中。令人惊讶的是，美国是少数几个缺乏土壤战略计划的国家之一。为了制订一项全面的计划来恢复土壤健康并实现 4p1000 计划的目标（如果我们达成国际协议并批准了一个新版本），联邦政府应该以 2016 年的报告《美国土壤的现状和未来：联邦土壤科学战略计划框架》（*The State and Future of U.S. Soils: Framework for a Federal Strategic Plan for Soil Science*）为基础。这份报告是我所在的科学政策办公室（OSTP）向土壤科学跨部门工作组（Soil Science Interagency Working Group）提出的。该工作组由来自 7 个联邦机构的科学家以及 OSTP 的工作人员里奇·普

亚特（Rich Pouyat）和帕克·里奥托德（Parker Liautaud）组成。到奥巴马总统任期结束时，他们已经构建了战略计划的框架。该框架包括提高公众对土壤的认识和重视，提供一套最佳做法，制定土壤健康目标，改进衡量目标进展的方法。该计划应侧重于如何在现有自然资源保护局政策所能实现的土壤碳增加的基础上进一步发展，并加快这一进展。[9]

美国总统应该召集一个由非政府组织组成的联盟，为土壤科学跨部门工作组提供建议。因为该工作组正在制订详细的土壤战略计划，正如构建框架的小组所希望的那样。土壤的复杂性及其在粮食系统、环境和农业综合企业中的作用，
186 使我们必须聚集与土壤有不同关系的人的智慧和创造力，以便打破每个群体的限制，明确他们的需求和潜在贡献。成员可以从非营利组织、消费者、农民、原住民和私营企业中选择。

在政府战略规划过程中，广泛的联盟可以设计激励措施，鼓励农民改进他们的做法，并激发零售商和消费者支持他们。该联盟可以考虑推出一个新的标签，以识别在土壤友好条件下生产的食品。如果贴上“碳英雄出品”（Produced by Carbon Heroes）的标签，就能把农民、土壤、应对气候变化联系在一

起。短短几句话就能肯定农民为世界粮食供应所付出的努力和投入的资源。就像有机认证的食品带有溢价标签一样，土壤安全食品也可以补偿农民改变做法的初始成本。学校和其他公共机构如餐馆和食品服务机构可以通过只提供土壤安全食品来展示它们保护土壤和减缓气候变化的承诺。

利益相关者联盟应该与食品系统的所有部门，特别是零售商和加工商，达成协议，以确保标签的成本由工业合作伙伴和消费者共同承担。分工责任应该纳入立法中，并作为即将到来的农业法案的潜在核心，该法案每五年修订一次，为大多数农业和食品相关项目提供资金。下一个法案将于 2024 年出台，可能会重新配置食品券福利，以鼓励购买土壤安全食品，而不会像《补充营养援助计划》(Supplemental Nutrition Assistance Program ）那样，为鼓励购买农产品而增加接受者的成本。农业法案或行政命令可能要求联邦设施为其自助餐厅和普通餐厅购买土壤安全食品。

土壤安全做法的标准和农场认证过程将是成功的关键。 187
认证可以基于目前所使用的方法，例如覆盖作物、免耕技术、堆肥、条作或间作、轮作和再生放牧的某种组合。农民可能会因实施的每一项措施而获得积分，或者认证可以与土壤碳随着时间增加或达到平衡挂钩。确保消费者、零售商和粮食系统其他成员支付的溢价使农民受益，这是该战略有效的关键。通过让广泛的社区参与设计激励机制，并为标签的利益分担成本，土壤安全标签可以由几个部门升级，使其比目前的有机食品标签更强大，使农民获得更多经济收益。

碳市场作为一种将审慎的碳管理货币化的手段正在扎实推进。农民可以根据土壤碳含量或他们采用的土壤安全措施获得信用额度，从而进入市场。农业部可以设立碳银行，向农民支付土壤碳封存费用，并将信用额出售给需要抵消温室气体排放的企业。由农业、食品和环境组织组成的联盟“粮食和农业气候联盟”（Food and Agriculture Climate Alliance）已经认可了这一概念，一些公司开始将其商业化。例如，初创公司英迪格公司（Indigo Ag）与农民签订合同，以每吨 15 美元的价格吸收碳；国际农业公司拜耳（Bayer）启动了“碳倡议”（Carbon Initiative），将为农民的碳封存行为支付费用。[10] 将碳市场与农业整合是一项新举措，但进展相当迅速。为农民提供碳信用很可能成为下一个为土壤健康付费的国家或国际项目。

肉类行业是食品供应中最具争议的领域之一。它不但引发了对待动物的伦理问题，而且引发了对气候和污染的担忧，
188 并对人类健康产生了消极的影响。但我们可以假设，随着国内外对肉类需求的增加，肉类生产将持续相当长一段时间。作为饲料的玉米和大豆的生产使得肉类行业对美国中西部土

壤造成了破坏。同样，传统的放牧系统使大平原的土壤更容易受到风蚀的影响。环境和工业都可以从“碳英雄出品”的标签中受益。由于牛将植物性食物转化为肉类的效率不高，以及瘤胃微生物产生的甲烷，肉类生产商一直受到环保人士的严厉指责。在密集轮作放牧法下饲养的接近碳中和的牛肉将有资格获得这一标签。[11] 喂养牲畜的谷物也需要达到土壤安全标准，肉类才能获得认证。土壤安全标签将有利于美国中西部大片农田的发展，那里种植的玉米和大豆主要用作牲畜饲料，同时也有利于西部牧场的发展。减少玉米连作甚至玉米和大豆轮作所造成的破坏将节省数吨的土壤，特别是在艾奥瓦州的坡地，那里的土壤特别容易遭受水蚀。这一改变不会解决对肉类生产的其他反对意见（动物福利和人类健康问题），但对那些选择生产和消费肉类的人来说，它对土壤和气候的破坏可以大大减小。

作物保险可以让农民在干旱、洪水或其他导致灾难性作物损失的事件中免受经济损失。在目前的模式下，农民的保险金额是根据上一年的产量、种植面积的变化进行调整的。为了补偿转向土壤保护性农业的农民，目前提供作物保险的政府和银行合作系统可以降低稳步增加土壤碳的农场的保费，
或为土壤安全措施提供信贷。其目标是使作物保险成为发展 189

土壤保护性农业的农民的最低成本。此外，应当调整作物保险制度，以消除目前对种植草原带的不利阻碍。这是因为将种植玉米的土地面积作为保险覆盖范围的基础，如果农民将10% 的玉米替换为草原作物，就会受到惩罚。草原带和其他土壤安全措施将减少侵蚀和增加碳存储，使土地不那么容易受到洪水和干旱的破坏，从而减少支付保费的需要。保险公司的成本将会下降，以补偿他们从农民那里获得的较低保费带来的损失。

最终，作物保险或食品标签的改变可能会被纳入农业法案中，但在那之前，农业部可以利用其特权设定一个试验期，在为其提供资金的大致框架内制定政策。农业部是发起拯救美国土壤行动的有力而关键的合作伙伴，但它不应该独自行动。美国农业部下属的自然资源保护局致力于改善土壤健康，并已通过土地保护项目和农民教育在增加土壤碳方面取得了巨大进展。食品标签、作物保险和伙伴关系将为影响农业实践提供额外的杠杆。

食品标签和作物保险的改革将对发展土壤保护性农业的农民进行补偿，但实施这些改革需要整个粮食系统的参与和公众的大力支持。可以肯定地说，我们中的大多数人并不是每天都在担心土壤及其命运，因此，重要的是要充分引起公众的关注，促使立法者立法、政府领导人制定政策、食品零售商销售土壤安全食品，并促进消费者购买它。这就需要社会变革。

哈佛大学法学教授卡斯·桑斯坦（Cass Sunstein）认为， 190
所有的社会变革都需要调整社会规范。一旦规范被调整，这种变化就会自动传播开来，因为人们会把新的信仰、知识、习惯和行动计划传递给其他人。当我们听到有许多来源的信息到达一个临界点时，这种变化就开始了。马尔科姆·格拉德威尔（Malcolm Gladwell）提出了这个观点，用来解释一些社会变化是如何突然流行起来的。[12] 为了实现这一点，社会需要消除障碍、提供激励，并将信息传递与预期结果相匹配。丢弃塑料已被回收运动所取代。将残疾人体制化和边缘化的做法已被安置和纳入主流所取代。这些变化都是若干力量的结果，包括不断接触有关现状负面影响的数据，倡导变革的强烈呼声，有影响力的人加入这一事业，法律和刺激，以及采用新规范的便利性。很少有只有一个因素就能起作用的情况：没有影响魅力的数据平淡无奇，没有强化的单一声音将无法被听到，有令人信服的论点却没有简单的行动会令人感到沮丧。

有机食品运动的成功说明了临界点的影响。该运动始于20世纪20年代，但直到雷切尔·卡森（Rachel Carson）的

《寂静的春天》（*Silent Spring*）出版后才在美国生根发芽。该书揭露了杀虫剂、除草剂和化肥污染水道并进入食品供应环节的不良后果。但是，卡森的书虽然在公众中产生了关于环境保护的新词语和新思想，但并没有激起一场新的运动。杀虫剂 DDT 对魅力十足的秃鹰的影响广为人知。1967 年美国通过了《濒危物种法案》（Endangered Species Act），1970 年参议员盖洛德·纳尔逊（Gaylord Nelson）提出了第一个地球
191 日，以提高公众对环境问题的意识，三个月后，环境保护署成立，其任务是保护人类健康和保证环境免受污染物的危害。20 世纪 70 年代，一场反主流文化运动倡导有机方法作为环保生活方式的一部分，从越南回来的退伍军人也加入了这一运动，在看到战争期间一种强效植物毒素橙剂造成的破坏后，他们抗议使用除草剂。[13] 有机食品仍然是美国农业中重要但很小的一部分。2020 年，美国的市场规模达到 200 亿美元，在农民、食品行业和消费者的支持下来到了临界点。我们需要更彻底、更迅速地做出改变，才能达到土壤的临界点以及时挽救土壤。

“拯救我们的土壤”运动需要让生产谷物、蔬菜和肉类的农民参与到大大小小的各类农场中来。这项运动可以推广“碳英雄出品”的标签，并建立公众和消费者的支持。为了使效果最大化，这种努力应该基于对社会变革和避免以往运动

陷阱的研究。

恢复土壤的行动不应局限于农民。我们还可以鼓励人们在院子里或屋顶上修建富碳花园，从而让数百万人关注土壤和粮食系统，加强对自然资源和照料它的人的感激。社区园艺项目，如“东纽约农场”，可以形成合作社，种植粮食和肥沃土壤。

“拯救我们的土壤”运动的成功取决于一场多管齐下的运动，通过不同的呼声来促使我们采取行动。一场广泛的运动将推动政治激进主义、购买选择和信仰体系的变化。传播对土壤危机的认识以及如何制止它，需要媒体、书籍、公共服 192
务信息、社交媒体和学校课程共同努力。那么哪些方法在过去被成功地使用过?

艺术和娱乐产业是一种被证实的通知人们和影响行为的有效途径，但经常被制订科学计划的人所忽视。大量的社会心理学文献表明，获得情感反应的艺术信息是有效的行为改变者。早在 1947 年，人们一致认为电影能改变人们的行为，电视可以为社会提供公共信息。例如，某一集《欢乐时光》（*Happy Days*，20 世纪 70 年代的一部主流电视节目）讲述了一个受欢迎的角色去图书馆结识女孩，从而使现实中美国申请借书证的年轻人数量增加了 500%。从那时起，娱乐教育的观念成为用来影响有关药物滥用、儿童疫苗接种和环境保护的选择。这个策略是有效的。例如，在打击酒驾行为时，指定司机的观念在美国变得司空见惯，在三年内，它被植入了几部电视连续剧中。[14]

各种类型的娱乐媒体应该发挥重要作用，因为它们在努力引起公众对气候变化的关注。阿尔·戈尔（Al Gore）的纪录片《难以忽视的真相》（*An Inconvenient Truth*）生动、科学地描述了碳排放增加所带来的灾难。2004 年的虚构大片《后天》（*The Day After Tomorrow*）以对气候变化的大胆描写，吸引了 10 倍于戈尔纪录片的观众。这部电影使用了令人惊叹的特效和有时荒谬的科学前提，受到了科学家们的赞扬或谴责。它比其他任何气候信息传递到的人都多，成为气候变化讨论的参考要点。就连著名科学期刊上的文章也会提到这部电影。
193 一些科学家对它表示赞赏，因为它将对话扩大到更广泛的群体，增强了采取行动避免全球变暖的意愿。一些科学家则无法原谅其科学上的不准确，担心这部电影会在公众头脑中植入错误的观念，甚至会增加对气候变化的怀疑。还有一些人认为，这部电影的目的是作为一种修辞手段来刺激讨论。一些人认为这部电影的性别和种族刻板印象传播了一种令人不安的世界观，抵消了它的好处。[15] 也许，通过委托制作一部科学准确、引人入胜的票房卖座电影——这部电影将把土壤及其保护介绍为一个常见的话题，土壤活动家或许可以促进气候变化运动在娱乐媒体中的推广。

电子游戏是另一种流行媒介，它可以利用情感参与来传播关于土壤的信息。2020年，大约75%的美国人玩电子游戏，而2019年只有50%的美国成年人读过非虚构类书籍。[16] 全球有30亿游戏玩家，电子游戏是一个强大的工具。谁能想到一款名为《植物大战僵尸》的关于植物的游戏能够吸引800万玩家，并在最受欢迎的电子游戏中排名第33位？它的巨大成功促使我的一位同事、心理学教授凯伦·施洛斯（Karen Schloss）提出制作一个关于土壤侵蚀的电子游戏。除了电影和电子游戏，“拯救我们的土壤”运动还应该利用社交媒体、YouTube视频平台和公共服务公告，向公众展示科学负责的、真实的、虚构的等各类关于土壤的叙述。不同类型的媒体将覆盖不同年龄、不同职业、不同社会经济阶层和生活方式等广泛层面。

利益相关者联盟可以引领信息活动，与不同的行业和信使联系起来。消息传递的本质至关重要。2019年新冠疫情下的世界充斥着危机。人们希望与他人建立联系，成为改变的一部分，这种改变将产生显著影响。国际运动需要广泛参与， 194
让我们觉得自己是比自身更大的事物的一部分，让我们有一种统一的目标和与世界的联系。“拯救我们的土壤”运动邀请所有人参与并共享信息，应该把重点放在具体的个人行动上，这些行动不仅可以解决土壤问题，还可以通过支持增加土壤碳的努力来应对气候变化所带来的令人不知所措的挑战。提高个人能动性将激励我们每个人，并带来希望。信息传递应平衡全球层面上的不作为的消极后果与集体行动的积极成果。如果可以选择对碳和土壤友好的食物，我们中的许多人会愿意支付额外的费用，以感到我们正在为解决土壤和气候危机做出贡献，并支持农民为实现这些目标而努力。“拯救我们的土壤”运动的信息应该强调行动、能动性和作为国家或全球变革力量一部分的自豪感。

为了达到目标，“拯救我们的土壤”运动必须慎重，不要过度承诺（促进土壤碳储量增加不是防治土壤侵蚀或气候变化的灵丹妙药），这样才能实现目标。每年 12 月 5 日的国际土壤日，可以庆祝过程中取得的成功。总统的国情咨文中应该包括美国在实现土壤碳目标方面的最新进展，这样公众就能从总统口中听到有关土壤的消息，就像他们听到其他紧急消息一样。

许多国家发起过战时运动，几乎动员了所有公民。例如，在第二次世界大战期间，美国妇女在军工厂工作，种植“胜利花园”（Victory Gardens），英国和澳大利亚的妇女加入了妇女土地服务队（Women’s Land Armies），填补了农业劳动力的空缺。我们需要为克服土壤危机的共同目标组织这种基础广泛的参与行动。

世界各地的人们可能会欣赏这条关于共同解决土壤侵蚀和气候变化问题的新信息。土壤本身不能解决全球变暖问题， 195
但土壤管理可以促进多方面的气候议程。将碳封存在土壤中，而不是将注意力完全集中在减少化石燃料排放上。这条信息可能会增强和刺激公众的力量，他们渴望在解决危机中发挥作用，而不是任其他人摆布，这些人可能认为气候问题不是优先考虑的问题。这条信息向他们介绍了一个新的危机，即土壤侵蚀，以及立即解决它的方案，也可能传播乐观主义和对人类解决问题能力的赞赏。

这一解决方案的古老性质使我们确信，我们可以在不引起其他环境灾难的情况下重新补充土壤。这种便于理解的、简单的解决方案，将吸引那些可能对高科技解决方案（如地球工程或操纵海洋中的营养物质）和其他应对气候变化的极端建议感到排斥的人，这些建议可能会带来危险的、意想不到的后果。[17] 激励措施、广泛的信息宣传活动和立法可以使修正成为现实。

当我为奥巴马总统工作时，他的工作人员印制了小卡片，上面有总统的励志名言，并将它们分发给白宫的工作人员。

我在写字台上贴了一张，上面写着：“我们所做的每件事都需要充满可能性。我们不害怕未来。”这抓住了总统给我们所有人灌输的希望。这听起来像是空洞的乐观主义，但他确保我们所有人都记得，我们在艰难的条件下取得了多少成就。他经常谈到我们国家取得的巨大进步以及人类精神和创造力的力量。我希望在读完这本书后，你也能分享这种乐观。虽然没有什么是万灵药，也没有任何一种方法可以阻止土壤侵蚀和气候变化——会对人类和地球造成巨大威胁，但我们已经知
196 道如何缓解这两种趋势。虽然这些数据应该会吓到我们，但我们不应该害怕未来。人类的智慧与土壤的再生能力相结合，可以将我们从危险的未来中拯救出来。

致　谢

在我准备写这本书的 40 年间，许多人给予了我帮助。土 197
壤科学家、气候变化专家、政策专家、作家和其他许多人都不吝分享、辩论和教导，并帮助我完成这本书的写作。

如果没有凯拉·科恩（Kayla Cohen）的研究和合作，这本书将不会是现在这样。她敏锐的洞察力、详尽的研究和细致的编辑塑造了本书的内容和风格。她的语言和抒情的技巧显现在每一页上。我对她给这本书带来的惊喜充满无以言表的感激。感谢帕姆（Pam）和大卫·科恩（David Cohen）对凯拉的支持和鼓励，也感谢薇姬·钱德勒（Vicki Chandler）介绍我们认识。

我还要特别感谢：

帕克·里奥托德和安德鲁·哈努斯（Andrew Hanus），他们在白宫和我一起孜孜不倦地研究土壤政策，他们出色的研究帮助我形成了对土壤的看法；我还要感谢帕克提出的这个书名。

伊丽莎白·斯图尔伯格（Elizabeth Stulberg），感谢她在白宫内外对土壤的研究以及对碳政策的洞察。

里克·克鲁斯，感谢他为我的白宫土壤政策制定做出的贡献，感谢他愿意接听电话、来访和写信；里克改变了我对现代土壤科学的看法。在写这本书的过程中，里克为我提供了源源不断的信息和想法，甚至当他远在艾奥瓦州荒野的小木屋时，也会在深夜回复我电子邮件。我将永远感谢他激励我写这本书，并感谢他在我写作过程中的反馈。

198 加思·哈姆斯沃斯、杰西卡·哈钦斯、威廉·韦特雷（William Wetere）和图伊·阿罗哈·沃门霍芬（Tui Aroha Warmenhoven），他们在毛利人文化、历史和土壤管理方面提供了重要的见解；加思还提供了大量的照片，并审查和改进了毛利部分的内容。

安娜贝尔·福特（Anabel Ford），感谢她对玛雅人的研究和回顾玛雅人部分的帮助，以及对流行教条的挑战。

约翰·瓦利、伊耶西马·哈里斯、乔治亚娜·斯科特和乔·布拉格，感谢他们向凯拉·科恩和我开放了他们的生活，分享了他们的经验和专业知识，审阅了部分手稿，并允许我们提到他们。

阿尔弗雷德·哈特明克（Alfred Hartemink）、布拉德利·米勒（Bradley Miller），感谢他们总是愿意填补我在土壤知识方面的空白，并审查手稿的部分内容。

安东·彼得鲁斯（Anton Petrus），感谢他赶到基辅郊外的切尔诺贝利黑钙土田地，在土壤被玉米作物遮挡之前抓拍了照片。

基思·保斯蒂安，感谢他在复杂的碳平衡方面给予的帮助。

吉娜·凯森（Gina Caison），她对小说中土壤的见解启发了我。

马修·鲁阿克（Matthew Ruark）、迈克尔·比尔（Michael Bell）、威廉·特雷西（William Tracy）、科比特·格兰杰（Corbett Grainger）、埃林·席尔瓦（Erin Silva）、安妮塔·陈（Anita Chan）、杰里米·泰珀曼（Jeremy Teperman）、詹姆斯·法夸尔（James Farquhar）、詹姆斯·卡斯廷（James Kasting）、艾莉森·盖尔（Alison Gale）、凯文·马萨里克（Kevin Masarik）、阿明·埃马迪（Amin Emadi）、马特·塞布（Matt Seib）、迈克尔·帕森（Michael Parsen）、吉姆·赫贝（Jim Hebbe）、

珍妮·怀特（Jeanne Whitish）、威廉·加特纳（William Gartner）、威廉·韦特雷、卡琳·雷梅尔兹瓦尔（Karin Remmelzwaal）、大卫·布朗宁（David Browning）、安德鲁·W. 史蒂文斯（Andrew W. Stevens）、嘉莉·拉波斯基（Carrie Laboski），感谢他们在土壤和政策研究方面的帮助。

达拉·帕克（Dara Park）、拉玛（Rama）、德怀特·西普勒、马蒂亚斯·范梅尔克（Matthias Vanmaercke）、保罗·赖希（Paul Reich）、阿尔弗雷德·哈特明克、国家土壤调查中心（National Soil Survey Center）、蒙蒂塞洛/托马斯·杰斐逊基金会、新西兰土地保护研究所（Landcare Research NZ Ltd）、美国农业部自然资源保护局（USDA-NRCS），以及全球资源信息数据库－阿伦达尔中心（GRID-Arendal），感谢他们提供照片和地图。

莉兹·爱德华兹、索菲·沃尔夫森、比尔·纳尔逊、海伦·琼斯、博比·安杰尔、马克·G. 雪佛兰，感谢他们精彩而有创意的插图，感谢莉兹独特的章节页插画。

麻省理工学院出版社的鲍勃·普赖尔（Bob Prior），感谢他鼓励我写这本书。

马特尔·登哈托格（Martel DenHartog），感谢她的鼓励、对细节的关注，以及对书目的帮助。

劳拉·兰利（Laura Langley），感谢她保证我的写作时间，并为我提供各种支持。

汉德尔斯曼实验室，感谢它一直为我提供数据确认，和我做朋友。

伊丽莎白·西尔维亚（Elizabeth Sylvia）和耶鲁大学出版社的 199
工作人员，感谢他们的建议和创造性贡献。

耶鲁大学出版社杰出的编辑琼·汤姆森·布莱克（Jean Thomson Black）分享了她在科学和出版方面的才华、丰富的经验和渊博的知识，感谢她的坚定支持，感谢她以优雅和幽默的方式带领这本书走过每一个快乐和痛苦的环节。

希拉里（Hilary）和阿历克斯·汉德尔斯曼（Alix Handelsman），是我的姐妹，她们不知疲倦地编辑，自始至终都爱着我。

凯西（Casey），谢谢你所做的一切。

缩略语

201 FAO 联合国粮食及农业组织（Food and Agriculture Organization of the United Nations）

IPCC 政府间气候变化专门委员会（Intergovernmental Panel on Climate Change）

ITPS 土壤政府间技术小组（Intergovernmental Technical Panel on Soils）

PNAS 《美国国家科学院学报》（*Proceedings of the National Academy of Sciences of the United States*）

UNESCO 联合国教育、科学及文化组织（United Nations Educational, Scientific and Cultural Organization）

USDA 美国农业部（United States Department of Agriculture）

USGS 美国地质调查局（United States Geological Survey）

注 释

引 言

1. FAO, *Healthy Soils Are the Basis for Healthy Food Production* (Rome: FAO, 2015).

2. David A. N. Ussiri and Rattan Lal, *Carbon Sequestration for Climate Change Mitigation and Adaptation* (Cham, Switzerland: Springer International, 2017), 80, 86.

3. FAO and ITPS, *Status of the World's Soil Resources: Main Report* (Rome: FAO, 2015), 101–103; Ronald Amundson et al., "Soil and Human Security in the 21st Century," *Science* 348 (2015): 1261071; David R. Montgomery, "Soil Erosion and Agricultural Sustainability," *PNAS* 104 (2014): 13268–13272; Stanley W. Trimble, *Man-Induced Soil Erosion of the Southern Piedmont, 1700–1970* (Ankeny, Iowa: Soil and Water Conservation Society, 2008); Richard Cruse et al., "Daily Estimates of Rainfall, Water Runoff, and Soil Erosion in Iowa," *Journal of Soil and Water Conservation* 61 (2006): 191, pl. 6; Evan A. Thaler, Isaac J. Larsen, and Qian Yu, "The Extent of Soil Loss Across the US Corn Belt," *PNAS* 118 (2021): e1922375118.

4. Montgomery, "Soil Erosion."

5. "Welcome to the '4 per 1000' Initiative," 4 per 1000, https://www.4p1000.org.

第一章　开端：一场看不见的危机

1. USDA, *Summary Report: 2012 National Resources Inventory* (Washington, D.C.: Natural Resources Conservation Service; and Ames, Iowa: Center for Survey Statistics and Methodology, 2015); Jesse Newman, Renée Rigdon, and Patrick McGroarty, "The World's Appetite Is Threatening the Mississippi River," *Wall Street Journal,* July 2, 2019, http://graphics.wsj.com/mississippi/.

第二章　土壤的暗物质

1. J. W. Valley, "A Cool Early Earth?," *Scientific American* 293 (2005): 58–63.

2. Tara Djokic et al., "Earliest Signs of Life on Land Preserved in ca. 3.5 Ga Hot Spring Deposits," *Nature Communications* 8, no. 15263 (2017); Takayuki Tashiro et al., "Early Trace of Life from 3.95 Ga Sedimentary Rocks in Labrador, Canada," *Nature* 549 (2017): 516–518.

3. Eiichi Tajika and Mariko Harada, "Great Oxidation Event and Snowball Earth," in *Astrobiology: From the Origins of Life to the Search for Extraterrestrial Intelligence*, ed. Akihiko Yamagishi, Takeshi Kakegawa, and Tomohiro Usui (Singapore: Springer Nature Singapore, 2019), 261–271.

4. 关于锆石是"地球的计时器"，参见 Valley, "A Cool Early Earth?," 64。关于锆石测年，参见 Simon A. Wilde et al., "Evidence from Detrital Zircons for the Existence of Continental Crust and Oceans on the Earth 4.4 Gyr Ago," *Nature* 409 (2001): 175–178。

5. Wilde et al., "Evidence from Detrital Zircons."

6. J. William Schopf, *Cradle of Life: The Discovery of Earth's Earliest Fossils* (Princeton, N.J.: Princeton University Press, 1999), 5.

7. J. William Schopf et al., "SIMS Analyses of the Oldest Known Assemblage of Microfossils Document Their Taxon-Correlated Carbon Isotope Compositions," *PNAS* 115 (2018): 53.

8. Harvinder Singh, *Steel Fiber Reinforced Concrete: Behavior, Modelling and Design* (Singapore: Springer Singapore, 2017), 2.

9. Larry Horath, *Fundamentals of Materials Science for Technologists: Properties, Testing, and Laboratory Exercises*, 3rd ed. (Long Grove, Ill.: Waveland, 2019), 165; Bradley D. Fahlman, "Solid-State Chemistry," in *Materials Chemistry*, 3rd ed. (Dordrecht: Springer Netherlands, 2018).

10. Hans-Curt Flemming and Stefan Wuertz, "Bacteria and Archaea on Earth and Their Abundance in Biofilms," *Nature Reviews Microbiology* 17 (2019): 247–260.

11. Yinon M. Bar-On, Rob Phillips, and Ron Milo, "The Biomass Distribution on Earth," *PNAS* 115 (2018): 6506; Laureano A. Gherardi and Osvaldo E. Sala, "Global Patterns and Climatic Controls of Belowground Net Carbon Fixation," *PNAS* 117 (2020): 20038–20043; Birgit W. Hütsch, Jürgen Augustin, and Wolfgang Merbach, "Plant Rhizodeposition: An Important Source for Carbon Turnover in Soils," *Journal of Plant Nutrition and Soil Science* 165 (2002): 397–407; Christophe Nguyen, "Rhizodeposition of Organic C by Plants: Mechanisms and Controls," *Agronomy* 23 (2003): 375–396; Hans Lambers, "Growth, Respiration, Exudation and Symbiotic Associations: The Fate of Carbon Translocated to the Roots," in *Root Development and Function*, ed. P. J. Gregory, J. V. Lake, and D. A. Rose (Cambridge:Cambridge University Press, 1987), 125–145; Rajeew Kumar, Sharad Pandey, and Apury Pandey, "Plant Roots and Carbon Sequestration," *Current Science* 91 (2006): 885–890.

12. "Mount St. Helens: From the 1980 Eruption to 2000," U.S. Geological Survey Fact Sheet 036-00, USGS, last modified March 1, 2005, https://pubs.usgs.gov/fs/2000/fs036-00/.

13. A. H. Fitter et al., "Biodiversity and Ecosystem Function in Soil," *Functional Ecology* 19 (2005): 369–377; Thibaud Decaëns, "Macroecological Patterns in Soil Communities," *Global Ecology and Biogeology* 19 (2010): 287–302; Richard D. Bargdett and Wim H. van der Putten, "Belowground Biodiversity and Ecosystem Functioning," *Nature* 515 (2014): 505–511; Alan Kergunteuil et al., "The Abundance, Diversity, and Metabolic Footprint of Soil Nematodes Is Highest in High Elevation Alpine Grasslands," *Frontiers in Ecology and Evolution* 4 (2016): 84; Tom Bongers and Marina Bongers, "Functional Diversity of Nematodes," *Applied Soil Ecology* 10 (1998): 239–

251; Patrick D. Schloss and Jo Handelsman, "Toward a Census of Bacteria in Soil," *PLoS Computational Biology* 2 (2006): e92; Alberto Orgiazzi et al., *Global Soil Biodiversity Atlas* (Luxembourg: Publications Office of the European Union, 2015); Noah Fierer, "Earthworms' Place on Earth," *Science* 366 (2019): 425–426.

第三章 土壤工程

1. Christian Feller, Lydie Chapuis-Lardy, and Fiorenzo Ugolini, "The Representation of Soil in the Western Art: From Genesis to Pedogenesis," in *Soil and Culture*, ed. Edward R. Landa and Christian Feller (Dordrecht: Springer Netherlands, 2009), 3–22; "Bhudevi," New World Encyclopedia, https://www.newworld encyclopedia.org/entry/Bhudevi; Hassan El-Ramady et al., "Soils and Human Creation in the Holy Quran from the Point of View of Soil Science," *Environmental Biodiversity and Soil Security* 3 (2019): 2–3.

2. Ernest Thompson Seton and Julia M. Seton, comps., *The Gospel of the Redman*, commemorative ed. (Bloomington, Ind.: World Wisdom, 2005), 80.

3. Martin K. Jones and Xinyi Liu, "Origins of Agriculture in East Asia," *Science* 324 (2009): 730–731; Ainit Snir et al., "The Origin of Cultivation and Proto-Weeds, Long Before Neolithic Farming," *PLoS ONE* 10 (2015): e0131422.

4. Jeanne Sept, "Early Hominin Ecology," in *Basics in Human Evolution*, ed. Michael P. Muehlenbein (Amsterdam: Elsevier, 2015), 86–101; Ewen Callaway, "Oldest *Homo sapiens* Fossil Claim Rewrites Our Species' History," *Nature News*, June 8, 2017, https://www.nature.com/news/oldest-homo-sapiens-fossil-claim-rewrites-our-species-history-1.22114; Brigitte M. Holt, "Anatomically Modern *Homo sapiens*," in *Basics in Human Evolution*, ed. Michael P. Muehlenbein (Amsterdam: Elsevier, 2015), 177; Nicholas Toth and Kathy Schick, "Overview of Paleolithic Archaeology," in *Handbook of Paleoanthropology*, ed. Winfried Henke and Ian Tattersall (Berlin: Springer, 2015), 2441–2464; Ansley J. Coale, "The History of the Human Population," *Scientific American* 231 (1974): 40–51.

5. Sanjai J. Parikh and Bruce R. James, "Soil: The Foundation of Agriculture," *Nature Education Knowledge* 3 (2012): 2; Mark B. Tauger,

"The Origins of Agriculture and the Dual Subordination," in *Agriculture in World History* (London: Routledge, 2010), 3–14; Jeffrey P. Severinghaus and Edward J. Brook, "Abrupt Climate Change at the End of the Last Glacial Period Inferred from Trapped Air in Polar Ice," *Science* 286 (1999): 930; Snir et al., "Origin of Cultivation."

6. FAO, *Healthy Soils Are the Basis for Healthy Food Production* (Rome: FAO, 2015).

7. R. L. Holle and R. E. López, "A Comparison of Current Lightning Death Rates in the U.S. with Other Locations and Times" (paper presented at International Conference on Lightning and Static Electricity, Royal Aeronautical Society, Blackpool, England, 2003), paper 103-34.

8. Edwin B. Fred, Ira L. Baldwin, and Elizabeth McCoy, *Root Nodule Bacteria and Leguminous Plants*, University of Wisconsin Studies in Science, no. 5 (1932), 4.

9. W. M. Stewart et al., "The Contribution of Commercial Fertilizer Nutrients to Food Production," *Agronomy* 97 (2005): 1.

10. Birgit W. Hütsch, Jürgen Augustin, and Wolfgang Merbach, "Plant Rhizodeposition: An Important Source for Carbon Turnover in Soils," *Journal of Plant Nutrition and Soil Science* 165 (2002): 397– 407.

11. David J. Levy-Booth et al., "Cycling of Extracellular DNA in the Soil Environment," *Soil Biology and Biochemistry* 39 (2007): 2977–2991; G. Pietramellara et al., "Extracellular DNA in Soil and Sediment: Fate and Ecological Relevance," *Biology and Fertility of Soils* 45 (2009): 219–235; Ohana Y. A. Costa, Jos M. Raaijmakers, and Eiko E. Kuramae, "Microbial Extracellular Polymeric Substances: Ecological Function and Impact on Soil Aggregation," *Frontiers in Microbiology* 9 (2018): 1636.

12. 关于植物与真菌的相互作用，参见 B. Wang and Y.-L. Qiu, "Phylogenetic Distribution and Evolution of Mycorrhizas in Land Plants," *Mycorrhiza* 16 (2006): 300, 353。关于磷肥减量，参见 David R. Montgomery, *Dirt: The Erosion of Civilizations, with a New Preface* (Berkeley: University of California Press, 2012), 187–188。

13. Judith D. Schwartz, "Soil as Carbon Storehouse: New Weapon in Climate Fight?," *Yale Environment 360*, March 4, 2014; Rattan Lal,

"Soil Carbon Sequestration to Mitigate Climate Change," *Geoderma* 123 (2004): 1–22.

14. 关于地下水的供应和使用，参见 *The United Nations World Water Development Report 2015: Water for a Sustainable World: Facts and Figures* (Paris: UNESCO, 2015), 2, 9, http://www.unesco.org/new/fileadmin/MULTIMEDIA/HQ/SC/images/WWDR2015Facts_Figures_ENG_web.pdf; "World's Groundwater Resources Are Suffering from Poor Governance, Experts Say," Media Services, UNESCO, May 5, 2012, http://www.unesco.org/new/en/media-services/single-view/news/worlds_ground water_resources_are_suffering_from_poor_gove。关于印度地下水的使用，参见 Himanshu Kulkarni, Mihir Shah, and P. S. Vijay Shankar, "Shaping the Contours of Groundwater Governance in India," *Journal of Hydrology: Regional Studies* 4, part A (2015): 173。关于美国和加拿大井水的使用，参见 "Water Sources," Drinking Water, CDC, last reviewed April 10, 2009, https://www.cdc.gov/healthy water/drinking/public/water_sources.html#one; and Expert Panel on Groundwater, *The Sustainable Management of Groundwater in Canada* (Ottawa, Ont.: Council of Canadian Academies, 2009), 3, http://www.cec.org/wp-content/uploads/wpallimport/files/17-1-sub-appendix_ix_-_expert_panel_on_groundwater_-_sustainable_man agement_of_groundwater_-_2009.pdf。

15. National Research Council, *The New Science of Metagenomics: Revealing the Secrets of Our Microbial Planet* (Washington, D.C.: National Academies Press, 2007), 19.

16. *World Water Development Report 2015*, 6.

17. Vigdis Torsvik and Lise Øvreås, "Microbial Diversity and Function in Soil: From Genes to Ecosystems," *Current Opinion in Microbiology* 5 (2002): 240; Vigdis Torsvik, Jostein Goksøyr, and Frida Lise Daae, "High Diversity in DNA of Soil Bacteria," *Applied and Environmental Microbiology* 56 (1990): 782.

18. Hannah Ritchie, "How Do We Reduce Antibiotic Resistance from Livestock?," Our World in Data, November 16, 2017, https://ourworldindata.org/antibiotic-resistance-from-livestock.

19. Amanda Hurley et al., "Tiny Earth: A Big Idea for STEM Education

and Antibiotic Discovery," *mBio* 12 (2021): e03432-20.

20. Richard H. Baltz, "Marcel Faber Roundtable: Is Our Antibiotic Pipeline Unproductive Because of Starvation, Constipation or Lack of Inspiration?," *Journal of Industrial and Microbial Biotechnology* 33 (2006): 507–513; Uddhav K. Shigdel et al., "Genomic Discovery of an Evolutionarily Programmed Modality for Small-Molecule Targeting of an Intractable Protein Surface," *PNAS* 117 (2020): 17195–17203.

21. Pasquale Borrelli et al., "An Assessment of the Global Impact of 21st Century Land Use Change on Soil Erosion," *Nature Communications* 8 (2017): 2013.

第四章　从混乱到有序：短暂的过渡

1. Hans Jenny, *Factors of Soil Formation: A System of Quantitative Pedology* (New York: McGraw-Hill, 1941), 12.

2. Pavel Krasilnikov et al., eds., *A Handbook of Soil Terminology, Correlation and Classification* (London: Routledge, 2009), 1–2.

3. John King, "Plants Are Cool, but Why?," in *Reaching for the Sun: How Plants Work* (Cambridge: Cambridge University Press, 1997), 3; Robert S. Wallace, "Record-Holding Plants," *Plant Sciences*, Encyclopedia.com, https://www.encyclopedia.com/science/news-wires-white-papers-and-books/record-holding-plants.

4. Soil Survey Staff, *Illustrated Guide to Soil Taxonomy*, ver. 2 (Lincoln, Nebr.:U.S. Department of Agriculture, Natural Resources Conservation Service, National Soil Survey Center, 2015), 2–5.

5. Krasilnikov et al., *Handbook*, 2; Martin K. Jones and Xinyi Liu, "Origins of Agriculture in East Asia," *Science* 324 (2009): 730–731; Ainit Snir et al., "The Origin of Cultivation and Proto-Weeds, Long Before Neolithic Farming," *PLoS ONE* 10 (2015): e0131422; David C. Coleman, D. A. Crossley Jr., and Paul F. Hendrix, "1—Historical Overview of Soils and the Fitness of the Soil Environment," in *Fundamentals of Soil Ecology*, 2nd ed. (Amsterdam: Elsevier Academic Press, 2004), 2.

6. Edmund Ruffin, *An Essay on Calcareous Manures* (Petersburg,

Va.: J. W. Campbell, 1832); Stanley W. Buol et al., *Soil Genesis and Classification*, 4th ed. (Ames: Iowa State University Press, 1999), 9; Vasily A. Esakov, "Dokuchaev, Vasily Vasilievich," *Complete Dictionary of Scientific Biography*, Encyclopedia.com, https:// www.encyclopedia.com/people/science-and-technology/environmental-studies-biographies/vasily-vasilievich-dokuchaev.

7. 关于苏联时期的土壤分类，参见 Krasilnikov et al., *Handbook*, 11。关于法国的土壤分类，参见 Commision de Pédologie et de Cartographie des Sols, *Classification des sols* (1967), https://horizon.documentation.ird.fr/exl-doc/pleins_textes/divers16-03/12186.pdf; Freddy O. Nachtergaele, "New Developments in Soil Classification: The World Reference Base for Soil Resources," in *Quatorzième Réunion du Sous-Comité ouest et centre africain de corrélation des sols pour la mise en valeur des terres* (Rome: FAO, 2002), 25; and "Soil," BGR, https://www.bgr.bund.de/EN/Themen/Boden/boden_node_en.html。"世界土壤资源参考基础"，参见 Jozef Deckers et al., *World Reference Base for Soil Resources—in a Nutshell*, European Soil Bureau, Research Report no. 7 (2001), 173。

8. L. T. West, M. J. Singer, and A. E. Hartemink, eds., "Introduction," in *The Soils of the USA* (Cham, Switzerland: Springer, 2017), 2–3, fig. 1.1.

9. 关于 12 个土纲，参见 Pan Min Huang, Yuncong Li, and Malcolm E. Sumner, eds., *Handbook of Soil Sciences Properties and Processes*, 2nd ed. (Boca Raton, Fla.: CRC Press, 2012); Stanley W. Buol et al., *Soil Genesis and Classification*, 6th ed. (West Sussex, UK: Wiley-Blackwell, 2011); Stanley W. Buol et al., *Soil Genesis and Classification*, 5th ed. (Ames: Iowa State University Press, 2003); "The Twelve Soil Orders," Global Rangelands, https://globalrangelands.org/topics/rangeland-ecology/twelve-soil-orders#Inceptisols; and "Inceptisols," University of Idaho, https://www.uidaho.edu/cals/soil-orders/inceptisols。

第五章　风、水和犁

1. Rattan Lal and William C. Moldenhauer, "Effects of Soil Erosion on Crop Productivity," *Critical Reviews in Plant Sciences* 5 (1987): 303–367.

2. Rattan Lal, "Soil Erosion and Gaseous Emissions," *Applied Sciences* 10 (2020): 1–13; G. A. Fox et al., "Reservoir Sedimentation and Upstream Sediment Sources: Perspectives and Future Research Needs on Streambank and Gully Erosion," *Environmental Management* 57 (2016): 945–955; "Hypoxia in the Gulf of Mexico," U.S. Department of the Interior, USGS, last modified October 23, 2017, https://toxics.usgs.gov/hypoxia/mississippi/oct_jun/index.html.

3. FAO and ITPS, *Status of the World's Soil Resources: Main Report* (Rome: FAO, 2015), 103, 177; Dan Pennock, *Soil Erosion: The Greatest Challenge to Sustainable Soil Management* (Rome: FAO, 2019), 3; Christoffel den Biggelaar et al., "Crop Yield Losses to Soil Erosion at Regional and Global Scales: Evidence from Plot-Level and GIS Data," in *Land Quality, Agricultural Productivity, and Food Security: Biophysical Processes and Economic Choices at Local, Regional, and Global Levels,* ed. Keith Wiebe (Cheltenham, UK: Edward Elgar, 2003), 271; David R. Montgomery, "Soil Erosion and Agricultural Sustainability," *PNAS* 104 (2014): 13268–13272.

4. T. E. Fenton, M. Kazemi, and M. A. Lauterbach-Barrett, "Erosional Impact on Organic Matter Content and Productivity of Selected Iowa Soils," *Soil and Tillage Research* 81 (2005): 163–171; Lal, "Soil Erosion."

5. 关于干旱土壤和粉尘排放，参见 Sujith Ravi et al., "Aeolian Processes and the Biosphere," *Reviews of Geophysics* 49 (2011): 1; Paul Reich, Hari Eswaran, and Fred Beinroth, "Global Dimensions of Vulnerability to Wind and Water Erosion," in *Sustaining the Global Farm: Selected Papers from the 10th International Soil Conservation Organization Meeting, May 24–29, 1999*, ed. D. E. Stott, R. H. Mohtar, and G. C. Steinhardt (West Lafayette, Ind.: International Soil Conservation Organization in cooperation with the USDA and Purdue University, 2001), 838–846; Frank E. Urban et al., "Unseen Dust Emission and Global Dust Abundance: Documenting Dust Emission from the Mojave Desert (USA) by Daily Remote Camera Imagery and Wind-Erosion Measurements," *Journal of Geophysical Research: Atmospheres* 123 (2018): 8735–8753; Yaping Shao et al., "Dust Cycle: An Emerging Core Theme in Earth System Science," *Aeolian Research* 2 (2011): 182; Paul Ginoux et al., "Global-Scale Attribution of Anthropogenic and

Natural Dust Sources and Their Emission Rates Based on MODIS Deep Blue Aerosol Products," *Review of Geophysics* 50 (2012): RG3005; FAO and ITPS, *Status*, 101。关于美国的风蚀，参见 USDA, *Summary Report: 2012 National Resources Inventory* (Washington, D.C.: Natural Resources Conservation Service; and Ames, Iowa: Center for Survey Statistics and Methodology, 2015), 2–8。

6. Ryan Schleeter, "The Grapes of Wrath," *National Geographic*, April 7, 2014, https://www.nationalgeographic.org/article/grapes-wrath/; Timothy Egan, *The Worst Hard Time: The Untold Story of Those Who Survived the Great American Dust Bowl* (New York: Houghton Mifflin Harcourt, 2006), 198–221.

7. Dong Zhibao, Wang Xunming, and Liu Lianyou, "Wind Erosion in Arid and Semiarid China: An Overview," *Journal of Soil and Water Conservation* 55 (2000): 439–444; "The Expansion of the Gobi Desert," ESRI, https://www.arcgis.com/apps/MapJournal/index.html?appid=c108d6ff4937464f86cb0fbef796f515; FAO and ITPS, *Status*, 290; Xunming Wang et al., "Desertification in China: An Assessment," *Earth Science Reviews* 88 (2008): 188–206; Wang Tao, "Aeolian Desertification and Its Control in Northern China," *International Soil and Water Conservation Research* 2 (2014): 35.

8. Sarah Gibbens, "Why This Dust Storm in India Turned Deadly," *National Geographic*, May 3, 2018, https://www.nationalgeographic.com/news/2018/05/india-dust-storm-wind-fatalities-science-spd/; India Today Web Desk, "Thunderstorm Hits Delhi-NCR: How Man's Neglect for Soil Management Has Given Rise to a Monster," India Today, May 3, 2018, https://www.indiatoday.in/education-today/gk-current-affairs/story/dust-storm-death-toll-facts-on-dust-storm-html-1225662-2018-05-03; Tapan J. Purakayastha et al., "Soil Resources Affecting Food Security and Safety in South Asia," in *World Soil Resources and Food Security*, ed. Rattan Lal and B. A. Stewart (Boca Raton, Fla.: CRC Press, 2012), 276.

9. FAO and ITPS, *Status*, 101.

10. J. D. Walsh et al., "Our Changing Climate," in *Climate Change Impacts in the United States: The Third National Climate Assessment*, ed.

Jerry M. Melillo, Terese Richmond, and Gary W. Yohe (Washington, D.C.: U.S. Global Change Research Program, 2014), 19–67.

11. Thomas Schumacher et al., "Modeling Spatial Variation in Productivity Due to Tillage and Water Erosion," *Soil and Tillage Research* 51 (1999): 331–339; Pennock, *Soil Erosion*, 2.

12. 关于撒哈拉以南非洲的水土流失，参见 FAO and ITPS, *Status*, 247–248。关于印度的盐渍化，参见 G. Swarajyalakshmi, P. Gurumurthy, and G. V. Subbaiah, "Soil Salinity in South India: Problems and Solutions," *Journal of Crop Production* 7 (2003): 247–275。

13. Alexsey Sidorchuk and Valentin Nikolaevich Golosov, "Erosion and Sedimentation on the Russian Plain, II: The History of Erosion and Sedimentation During the Period of Intensive Agriculture," *Hydrological Processes* 17 (2003): 3347–3358; John M. Laflen and Dennis C. Flanagan, "The Development of U.S. Soil Erosion Prediction and Modeling," *International Soil and Water Conservation Research* 1 (2013): 1–11, 2.

14. Jessica J. Veenstra and C. Lee Burras, "Soil Profile Transformation After 50 Years of Agricultural Land Use," *Soil Science Society of America Journal* 79 (2015): 1154–1162.

15. Y. P. Hsieh, K. T. Grant, and G. C. Bugna, "A Field Method for Soil Erosion Measurements in Agricultural and Natural Lands," *Journal of Soil and Water Conservation* 64 (2009): 374; Lal, "Soil Erosion" ; A. Mahmoudzadeh, Wayne D. Erskine, and C. Myers, "Sediment Yields and Soil Loss Rates from Native Forest, Pasture, and Cultivated Land in the Bathurst Area, New South Wales," *Australian Forestry* 65 (2002): 73–80.

16. "Ending Nuclear Testing," International Day Against Nuclear Tests, United Nations: 29 August, United Nations, https://www.un.org/en/observances/end-nuclear-tests-day/history; V. A. Kashparov et al., "Soil Contamination with 90Sr in the Near Zone of the Chernobyl Accident," *Journal of Environmental Radioactivity* 56 (2001): 285–298; Paolo Porto et al., "Validating Erosion Rate Estimates Provided by Caesium-137 Measurements for Two Small Forested Catchments in Calabria, Southern Italy," *Land Degradation and Development* 14 (2007): 389–408; Eric W. Portenga and Paul R. Bierman, "Understanding Earth's Eroding Surface

with ^{10}Be," *Geological Society of America Today* 21 (2011): 4–10.

17. C. King et al., "The Application of Remote-Sensing Data to Monitoring and Modelling of Soil Erosion," *Catena* 62 (2005): 79–93; Anton Vrieling, "Satellite Remote Sensing for Water Erosion Assessment: A Review," *Catena* 65 (2006): 2–18; Mehrez Zribi, Nicolas Baghdadi, and Michel Nolin, "Remote Sensing of Soil," *Applied and Environmental Soil Science* (2011): 1–2; "Landsat 8," Landsat Missions, USGS, https://www.usgs.gov/core-science-systems/nli/landsat/landsat-8?qt-science_support_page_related_con=0#qt-science_support_page_related_con; Marián Jenčo et al., "Mapping Soil Degradation on Arable Land with Aerial Photography and Erosion Models, Case Study from Danube Lowland, Slovakia," *Remote Sensing* 12 (2020): 1–17.

18. A. W. Zingg, "Degree and Length of Land Slope as It Affects Soil Loss in Runoff," *Agricultural Engineering* 21 (1940): 59–64; Walter H. Wischmeier, "A Rainfall Erosion Index for a Universal Soil-Loss Equation," *Soil Science Society America* 23 (1959): 246–249; Nyle C. Brady, *The Nature and Properties of Soil*, 8th ed. (New York: Macmillan, 1974), 639; Malcolm Newson, *Land, Water and Development: Sustainable Management of River Basin Systems*, 2nd ed. (London: Routledge, 1997), 218; Walter H. Wischmeier and Dwight D. Smith, *Predicting Rainfall-Erosion Losses from Cropland East of the Rocky Mountains: Guide for Selection of Practices for Soil and Water Conservation* (Washington, D.C.: Agricultural Research Service, USDA, in cooperation with Purdue Agricultural Experiment Station, 1965), 47; Laflen and Flanagan, "Development," 1–11; National Research Council, *Soil Conservation: Assessing the National Resources Inventory*, vol. 1 (Washington, D.C.: National Academies Press, 1986), 59; Christine Alewell et al., "Using the USLE: Chances, Challenges, and Limitations of Soil Erosion Modelling," *International Soil and Water Conservation Research* 7 (2019): 203–225; Fox et al., "Reservoir Sedimentation," 945–955; J. Poesen, D. Torri, and T. Vanwalleghem, "Chapter 19—Gully Erosion: Procedures to Adopt When Modelling Soil Erosion in Landscapes Affected by Gullying," in *Handbook of Erosion Modelling*, ed. R. P. C. Morgan and M. A. Nearing (Oxford: Blackwell-Wiley, 2011); National Research Council,

Soil Conservation: An Assessment of the National Resources Inventory, vol. 2 (Washington, D.C.: National Academies Press, 1986).

19. Dennis C. Flanagan, "Modeling Soil and Water Conservation," in *Soil and Water Conservation: A Celebration of 75 Years*, ed. Jorge A. Delgado, Clark J. Gantzer, and Gretchen F. Sassenrath (Ankeny, Iowa: Soil and Water Conservation Society, 2020), 255–269; Brian Gelder et al., "The Daily Erosion Project: Daily Estimates of Water Runoff, Soil Detachment, and Erosion," *Earth Surface Processes and Landforms* 43 (2018): 1105–1117.

20. Stanley W. Trimble and Pierre Crosson, "US Soil Erosion Rates: Myth and Reality," *Science* 289 (2000): 248–250; Laflen and Flanagan, "Development," 1–11.

21. GIS（地理信息系统）是收集、管理和分析数据的框架，参见 "What Is GIS?," esri, https://www.esri.com/en-us/what-is-gis/overview。Aafaf El Jazouli et al., "Soil Erosion Modeled with USLE, GIS, and Remote Sensing: A Case Study of Ikkour Watershed in Middle Atlas (Morocco)," *Geoscience Letters* 4, no. 25 (2017); D. P. Shrestha, M. Suriyaprasit, and S. Prachansri, "Assessing Soil Erosion in Inaccessible Mountainous Areas in the Tropics: The Use of Land Cover and Topographic Parameters in a Case Study in Thailand," *Catena* 121 (2014): 40–52; Sohan Kumar Ghimire, Daisuke Higaki, and Tara Prasad Bhattarai, "Estimation of Soil Erosion Rates and Eroded Sediment in a Degraded Catchment of the Siwalik Hills, Nepal," *Land* 2 (2013): 370–391.

22. 关于斐济的土壤侵蚀情况，参见 FAO and ITPS, *Status*, 487。关于美国和艾奥瓦州的土壤侵蚀情况，参见 USDA and Iowa State University, *2015 National Resources Inventory: Summary Report* (Washington, D.C.: Natural Resources Conservation Service and Center for Survey Statistics and Methodology, 2018), 5–37; Craig Cox, Andrew Hug, and Nils Bruzelius, *Losing Ground* (Washington, D.C.: Environmental Working Group, April 2011), 13; and Bradley Miller, "Physiography of Iowa," Geospatial Laboratory for Soil Informatics, Iowa State University, December 23, 2020。Evan A. Thaler, Isaac J. Larsen, and Qian Yu, "The Extent of Soil Loss Across the US Corn Belt," *PNAS* 118 (2021): e1922375118.

23. Thomas Jefferson to Charles W. Peale, 1813, in *Thomas Jefferson's Garden Book*, ed. E. M. Betts (Monticello, Va.: Thomas Jefferson Foundation, 1999), 509.

24. David B. Grigg, *The Agricultural Systems of the World: An Evolutionary Approach* (London: Cambridge University Press, 1974), 256–283.

25. R. A. Houghton, "The Annual Net Flux of Carbon to the Atmosphere from Changes in Land Use, 1850–1990," *Tellus B: Chemical and Physical Meteorology* 51 (1999): 298–313; Eric A. Davidson and Ilse L. Ackerman, "Changes in Soil Carbon Inventories Following Cultivation of Previously Untilled Soils," *Biogeochemistry* 20 (1993): 161–193.

26. "Rate of Deforestation," Global Challenges, The World Counts, https:// www.theworldcounts.com/challenges/planet-earth/forests-and-deserts/ rate-of-defor estation/story; David R. Montgomery, *Dirt: The Erosion of Civilizations*, 2nd ed. (Berkeley: University of California Press, 2012), 49–81.

27. Lucas Reusser, Paul Bierman, and Dylan Rood, "Quantifying Human Impacts on Rates of Erosion and Sediment Transport at a Landscape Scale," *Geology* 43 (2015): 171–174; R. B. Daniels, "Soil Erosion and Degradation in the Southern Piedmont of the USA," in *Land Transformation in Agriculture*, ed. M. G. Wolman and F. G. A. Fournier (New York: John Wiley and Sons, 1987), 407–428.

28. Steven Davies, "Estimated Population of American Colonies: 1610 to 1780," Vancouver Island University, https://web.viu.ca/davies/H320/ population.colonies.htm; Nicolas A. Jelinski et al., "Meteoric Beryllium-10 as a Tracer of Erosion Due to Postsettlement Land Use in West-Central Minnesota, USA," *Journal of Geophysical Research: Earth Surface* 124 (2019): 874–901; Bruce H. Wilkinson and Brandon J. McElroy, "The Impact of Humans on Continental Erosion and Sedimentation," *Geological Society of America Bulletin* 119 (2007): 140–156; Reich, Eswaran, and Beinroth, "Global Dimensions," 838–846; Montgomery, "Soil Erosion," 13268–13272.

29. Xiaobing Liu et al., "Overview of Mollisols in the World: Distribution, Land Use and Management," *Canadian Journal of Soil Science* 92 (2011): 383–402.

30. R. Skuodienė and Donata Tomchuk, "Root Mass and Root to Shoot Ratio of Different Perennial Forage Plants Under Western Lithuania Climatic Conditions," *Romanian Agricultural Research* 32 (2015); Sergi Munne-Bosch, "Perennial Roots to Immortality," *Plant Physiology* 166 (2014): 720–725; M. A. Bolinder et al., "Root Biomass and Shoot to Root Ratios of Perennial Forage Crops in Eastern Canada," *Canadian Journal of Plant Science* 82 (2002): 731–737.

31. Xiaochao Chen et al., "Changes in Root Size and Distribution in Relation to Nitrogen Accumulation During Maize Breeding in China," *Plant Soil* 374 (2014): 121–130; J. Giles Waines and Bahman Ehdaie, "Domestication and Crop Physiology: Roots of Green-Revolution Wheat," *Annals of Botany* 100 (2007): 991–998; Meghann E. Jarchow and Matt Liebman, "Tradeoffs in Biomass and Nutrient Allocation in Prairies and Corn Managed for Bioenergy Production," *Crop Science* 52 (2012): 1330–1342; Qiuying Tian et al., "Genotypic Difference in Nitrogen Acquisition Ability in Maize Plants Is Related to the Coordination of Leaf and Root Growth," *Journal of Plant Nutrition* 29 (2006): 317–330; Rex D. Pieper, "Chapter 6 — Grass-lands of Central North America," in *Grasslands of the World*, ed. J. M. Suttie, S. G. Reynolds, and C. Batello (Rome: FAO, 2005), 221–263.

32. Thomas Jefferson to Tristan Dalton, 1817, in *Thomas Jefferson's Garden Book*, ed. E. M. Betts (Monticello, Va.: Thomas Jefferson Foundation, 1999), 570.

33. S. G. Whisenant, *Repairing Damaged Wildlands: A Process-Oriented, Landscape-Scale Approach* (New York: Cambridge University Press, 1999); S. G. Whisenant, "Terrestrial Systems," in *Handbook of Ecological Restoration*, vol. 1, ed. M. R. Perrow and A. J. Davy (New York: Cambridge University Press, 2002), 83–105; Elizabeth G. King and Richard J. Hobbs, "Identifying Linkages Among Conceptual Models of Ecosystem Degradation and Restoration: Towards an Integrative Framework," *Restoration Ecology* 14 (2006): 369–378.

34. Eric F. Lambin and Patrick Meyfroidt, "Global Land Use Change, Economic Globalization, and the Looming Land Scarcity," *PNAS* 108 (2011): 3465–3472.

35. Shaochuang Liu et al., "Pinpointing the Sources and Measuring the Lengths of the Principal Rivers of the World," *International Journal of Digital Earth* 2 (2009): 80–87.

36. Maurice L. Schwartz, ed., *Encyclopedia of Coastal Science* (Dordrecht: Springer Netherlands, 2005), 358.

37. Waleed Hamza, "The Nile Delta," in *The Nile*, ed. H. J. Dumont (Dordrecht: Springer Netherlands, 2009), 75–94; Scott W. Nixon, "Replacing the Nile: Are Anthropogenic Nutrients Providing the Fertility Once Brought to the Mediterranean by a Great River?," *AMBIO: A Journal of the Human Environment* 32 (2003): 30–39.

38. James P. M. Syvitski et al., "Impact of Humans on the Flux of Terrestrial Sediment to the Global Coastal Ocean," *Science* 308 (2005): 376–380; Khalid Mahmood, *Reservoir Sedimentation: Impact, Extent, and Mitigation* (Washington, D.C.: International Bank for Reconstruction and Development, 1987); Schwartz, *Encyclopedia of Coastal Science*, 358; Committee on Cost Savings in Dams, "Cost Savings in Dams (Draft of ICOLD Bulletin)," HydroCoop, http://www.hydrocoop.org/dams-cost-savings-icold/.

39. Walsh et al., "Our Changing Climate."

40. Simon Michael Papalexiou and Alberto Montanari, "Global and Regional Increase of Precipitation Extremes Under Global Warming," *Water Resources Research* 55 (2019): 4901–4914; IPCC, *Climate Change and Land: An IPCC Special Report on Climate Change, Desertification, Land Degradation, Sustainable Land Management, Food Security, and Greenhouse Gas Fluxes in Terrestrial Ecosystems* (2019), 6–7, https://www.ipcc.ch/srccl/.

41. Papalexiou and Montanari, "Global and Regional Increase" ; IPCC, *Climate Change*, 6–7, 45.

42. Jock R. Anderson and Jesuthason Thampapillai, *Soil Conservation in Developing Countries: Project and Policy Intervention* (Washington, D.C.: World Bank, 1990), 17; Jelinski et al., "Meteoric Beryllium-10," 874–901; Chris Arsenault, "Only 60 Years of Farming Left If Soil Degradation Continues," *Scientific American*, December 5, 2014, https://

www.scientificamerican.com/article/only-60-years-of-farming-left-if-soil-degradation-continues/.

第六章　石质星球

1. International Organization for Migration and United Nations Convention to Combat Desertification, *Addressing the Land Degradation-Migration Nexus: The Role of the UNCCD* (Geneva: International Organization for Migration, 2019); Ephraim Nkonya et al., "Global Cost of Land Degradation," in *Economics of Land Degradation and Improvement: A Global Assessment for Sustainable Development*, ed. Ephraim Nkonya, Alisher Mirzabaev, and Joachim von Braun, 117–165 (Cham, Switzerland: Springer International, 2016), 156; "Media Release: Worsening Worldwide Land Degradation Now 'Critical,' Undermining Well-Being of 3.2 Billion People," IPBES, released March 23, 2018, https://ipbes.net/news/media-release-worsening-worldwide-land-degradation-now-%E2%80%98critical%E2%80%99-undermining-well-being-32.

2. FAO and ITPS, *Status of the World's Soil Resources: Main Report* (Rome: FAO, 2015), 176.

3. Evan A. Thaler, Isaac J. Larsen, and Qian Yu, "The Extent of Soil Loss Across the US Corn Belt," *PNAS* 118 (2021): e1922375118.

4. Jonathan A. Foley et al., "Solutions for a Cultivated Planet," *Nature* 478 (2011): 337–342; Katherine Tully et al., "The State of Soil Degradation in Sub-Saharan Africa: Baselines, Trajectories, and Solutions," *Sustainability* 7 (2015): 6523–6562; I. I.Obiadi et al., "Gully Erosion in Anambra State, South East Nigeria: Issues and Solutions," *International Journal of Environmental Sciences* 2 (2011): 802; Babatunde J. Fagbohun et al., "GIS-Based Estimation of Soil Erosion Rates and Identification of Critical Areas in Anambra Sub-Basin, Nigeria," *Modeling Earth Systems and Environment* 2, no. 159 (August 2016); Benedicta Dike et al., "Potential Soil Loss Rates in Urualla, Nigeria Using RUSLE," *Global Journal of Science Frontier Research* 18, no. 2 (2018).

5. J. S. C. Mbagwu, Rattan Lal, and T. W. Scott, "Effects of Desurfacing

of Alfisols and Ultisols in Southern Nigeria: I. Crop Performance," *Soil Science Society of America Journal* 48 (1984): 828–833.

6. Jude Nwafor Eze, "Drought Occurrences and Its Implications on the Households in Yobe State, Nigeria," *Geoenvironmental Disasters* 5, no. 18 (October 2018);R. Osabohien, E. Osabuohien, and E. Urhie, "Food Security, Institutional Framework, and Technology: Examining the Nexus in Nigeria Using ARDL Approach," *Current Nutrition and Food Science* 4, no. 2 (2018): 154–163; Esther Ngumbi, "To Ensure Food Security, Keep Soils Healthy" (blog), *World Policy*, December 12, 2017, http://worldpolicy.org/2017/12/12/to-ensure-food-security-keep-soils-healthy/; Food Security Information Network, *2019 Global Report on Food Crises: Joint Analysis for Better Decisions* (Washington, D.C.: International Food Policy Research Institute, 2019), 18.

7. FAO, *Conservation des sols et des eaux dans les zones semi-arides* (Rome: FAO, 1990), 6; Mohamed Yjjou et al., "Modélisation de L'érosion Hydrique via les SIG et L'équation Universelle des Pertes en Sol au Niveau du Bassin Versant de l'Oum Er-Rbia," *The International Journal of Engineering and Science* 3, no. 8 (2014): 83; "Morocco Economic Outlook," African Development Bank Group, accessed January 7, 2021, https://www.afdb.org/en/countries/north-africa/morocco/morocco-economic-outlook.

8. Oliver Kiptoo Kirui and Alisher Mirzabaev, "Economics of Land Degradation in Eastern Africa" (working paper, ZEF Working Paper Series No. 128, Center for Development Research (ZEF), University of Bonn, 2014), 1; Addis Ababa, "Growth and Transformation Plan (GTP) 2010/11–2014/15" (draft, Ministry of Finance and Economic Development, 2010); Mahmud Yesuf, Salvatore Di Falco, et al., "The Impact of Climate Change and Adaptation on Food Production in Low-Income Countries: Evidence from the Nile Basin, Ethiopia" (discussion paper, International Food Policy Research Institute, 2008); Paschal Assey et al., *Environment at the Heart of Tanzania's Development: Lessons from Tanzania's National Strategy for Growth and Reduction of Poverty (MKUKUTA)* (London: International Institute for Environment and Development, 2007); Ritu Verma, *Gender, Land, and Livelihoods in East Africa: Through Farmers' Eyes* (Ottawa: International

Development Research Centre, 2001); Abhijit Banerjee and Esther Duflo, *Poor Economics* (New York: Public Affairs, 2011), 134–135, 138.

9. Martin Khor, "Land Degradation Causes $10 Billion Loss to South Asia Annually," *Global Policy Forum*, https://www.globalpolicy.org/global-taxes/49705-land-degradation-causes-10-billion-loss-to-south-asi; FAO and ITPS, *Status of the World's Soil Resources: Main Report* (Rome: FAO, 2015); Dipak Sarkar et al., eds. *Strategies for Arresting Land Degradation in South Asian Countries* (Dhaka: SAARC Agriculture Centre, 2011), 38, 48.

10. "Bhutan: Committed to Conservation," World Wildlife Foundation, https:// www.worldwildlife.org/projects/bhutan-committed-to-conservation.

11. "Improved Maize Varieties and Partnerships Welcomed in Bhutan," CIMMYT E-News, International Maize and Wheat Improvement Center, May 14, 2012, https:// www.cimmyt.org/news/improved-maize-varieties-and-partnerships-welcomed-in-bhutan/; Karma Dema Dorji, "Strategies for Arresting Land Degradation in Bhutan," in *Strategies for Arresting Land Degradation in South Asian Countries*, ed. Dipak Sarkar et al. (Dhaka, Bangladesh: SAARC Agricultural Centre, 2011), 59–71; Karma Wangdi Y and Rudra Bahadur Shrestha, "Family Farmers' Cooperatives Towards Ending Poverty and Hunger in Bhutan," in *Family Farmers' Cooperatives: Ending Poverty and Hunger in South Asia*, ed. Rudra Bahadur Shrestha et al. (Bangladesh: SAARC Agriculture Center, Philippines: Asian Farmers' Association, and India: National Dairy Development Board, 2020), 49; Royal Government of Bhutan, *Bhutan: In Pursuit of Sustainable Development,* National Report for the United Nations Conference on Sustainable Development 2012, https://sustainabledevelopment.un.org/content/documents/798bhutanreport.pdf.

12. Royal Government of Bhutan, *Bhutan*; Ephraim Nkonya et al., "Economics of Land Degradation and Improvement in Bhutan," in *Economics of Land Degradation and Improvement—A Global Assessment for Sustainable Development*, ed. Ephraim Nkonya, Alisher Mirzabaev, and Joachim von Braun (Washington, D.C.: Springer International Publishing, 2016), 327–383; United Nations Development Program and Global Environment Facility, *Bhutan: National Action Program to Combat Land*

Degradation, 2009, https://www.acauthorities.org/sites/aca/files/countrydoc/Bhutan%20National%20Action%20Program%20to%20Combat%20Land%20 Degradation.pdf; Sangay Wangchuk and Stephen F. Siebert, "Agricultural Change in Bumthang, Bhutan: Market Opportunities, Government Policies, and Climate Change," *Society and Natural Resources: An International Journal* 26 (2013): 1375–1389.

13. Robert Repetto, "Soil Loss and Population Pressure on Java," *AMBIO: A Journal of the Human Environment* 15 (1986): 14–18; Iwan Rudiarto and W. Doppler, "Impact of Land Use Change in Accelerating Soil Erosion in Indonesian Upland Area: A Case of Dieng Plateau, Central Java—Indonesia," *International Journal of AgriScience* 3, no. 7 (July 2013): 574; Anna Strutt, "Trade Liberalisation and Soil Degradation in Indonesia," in *Indonesia in a Reforming World Economy: Effects on Agriculture, Trade and the Environment*, ed. Kym Anderson et al. (South Australia: University of Adelaide Press, 2009): 40–60; Salahudin Muhidin, "Population Projections in Indonesia During the 20th Century," in *The Population of Indonesia* (Amsterdam: Rozenberg, 2002), 90; Bram Peper, "Population Growth in Java in the 19th Century," *Journal of Demography* 24, no. 1 (1970).

14. FAO, *Small Family Farms Country Factsheet: Indonesia* (Rome: FAO, 2018); Diane Perrons, *Globalization and Social Change: People and Places in a Divided World* (Routledge, 2004), 92.

15. Atieno Mboya Samandari, *Gender-Responsive Land Degradation Neutrality* (working paper, Land Outlook, United Nations Convention to Combat Desertification, 2017), 3–15, https://knowledge.unccd.int/sites/default/files/2018-06/3.%20 Gender-Responsive%2BLDN A_M Samandari.pdf.

16. FAO, *Smallholders and Family Farmers*, 2012, http://www.fao.org/fileadmin/templates/nr/sustainability_pathways/docs/Factsheet_SMALLHOLDERS.pdf.

17. Ivan Franko, "Chernozems of Ukraine: Past, Present, and Future Perspectives," *Soil Science Annual* 70 (2019): 193–197.

18. Timothy Snyder, *Black Earth: The Holocaust as History and Warning* (New York: Tim Duggan Books, 2016); Turi Fileccia et al., *Ukraine:*

Soil Fertility to Strengthen Climate Resilience (Rome: FAO, 2014).

19. "Soil Fertility to Increase Climate Resilience in Ukraine," The World Bank, December 5, 2015, https://www.worldbank.org/en/news/feature/2014/12/05/ukraine-soil; "Ukraine, FAO Unite to Save Healthy Soil," FAO, May 24, 2019, http://www.fao.org/europe/news/detail-news/en/c/1195526/; "FAO Launches Training Courses to Help Farmers Stop Land Degradation in Ukraine," FAO, February 19, 2019, http://www.fao.org/europe/news/detail-news/en/c/1180938/.

20. Xiobang Liu et al., "Overview of Mollisols in the World: Distribution, Land Use and Management," *Canadian Journal of Soil Science* 92 (2011): 383–402; H. H. Bennett, "The Cost of Soil Erosion," *Ohio Journal of Science* 33 (1933): 271–279; David Pimentel et al., "Environmental and Economic Costs of Soil Erosion and Conservation Benefits," *Science* 267, no. 5201 (1995): 1120.

21. Tiago Santos Telles et al., "Valuation and Assessment of Soil Erosion Costs," *Scientia Agricola* 70, no. 3 (2013).

22. National Agricultural Statistics Service, "2017 Census of Agriculture," USDA, 1–6, https://www.nass.usda.gov/Publications/AgCensus/2017/Full_Report/Volume_1,_Chapter_1_State_Level/Iowa/iarefmap.pdf.

23. Donnelle Eller, "Erosion Estimated to Cost Iowa $1 Billion in Yield," *Des Moines Register*, May 3, 2014, https://www.desmoinesregister.com/story/money/agriculture/2014/05/03/erosion-estimated-cost-iowa-billion-yield/8682651/; "Ukraine, FAO Unite to Save Healthy Soil," FAO; Craig Cox, Andrew Hug, and Nils Bruzelius, *Losing Ground* (Washington, D.C.: Environmental Working Group, April 2011), 13; Dennis B. Egli and Jerry L. Hatfield, "Yield and Yield Gaps in Central U.S. Corn Production Systems," *Agronomy Journal* 106 (March 2014): 2248–2254; Richard M. Cruse, *Economic Impacts of Soil Erosion in Iowa* (Leopold Center Completed Grant Reports, 2016); *2019 Iowa Farm Costs and Returns*, Ag Decision Maker (Iowa State University Extension and Outreach, 2020); Yanru Liang et al., "Impacts of Simulated Erosion and Soil Amendments on Greenhouse Gas Fluxes and Maize Yield in Miamian Soil of Central Ohio," *Scientific Reports*

8, 520 (January 2018).

24. Cox, Hug, and Bruzelius, *Losing Ground*, 13.

25. National Marine Fisheries Service, *Fisheries Economics of the United States, 2015*, May 2017, National Oceanic and Atmospheric Association, https://www.fish eries.noaa.gov/feature-story/fisheries-economics-united-states-2015; Mississippi River/ Gulf of Mexico Watershed Nutrient Task Force, "Implementing the HTF 2008 Action Plan," Environmental Protection Agency, https://www.epa.gov/ms-htf/imple menting-htf-2008-action-plan; Environmental Protection Agency, *Protecting and Preserving the Gulf of Mexico: 2017 Annual Report,* 2017; Mary Caperton Morton, "Gulf Dead Zone Looms Large in 2019," *EOS* 100 (July 2019); Sergey S. Rabotyagov et al., "Cost-Effective Targeting of Conservation Investments to Reduce the Northern Gulf of Mexico Hypoxic Zone," *PNAS* 111 (2014): 18530–18535.

26. London Gibson and Sarah Bowman, "Disappearing Beaches, Crumbling Roads: Lake Michigan Cities Face 'Heartbreaking' Erosion," *Indianapolis Star*, March 24, 2020, https://www.indystar.com/story/news/environment/2020/03/24/lake-michigan-cities-indiana-struggle-heartbreaking-erosion/5031489002/.

27. Orlando Milesi and Marianela Jarroud, "Soil Degradation Threatens Nutrition in Latin America," *Inter Press Service*, June 15, 2016, http://www.ipsnews.net/2016/06/soil-degradation-threatens-nutrition-in-latin-america/; Karl S. Zimmerer, "Soil Erosion and Labor Shortages in the Andes with Special Reference to Bolivia, 1953–91: Implications for 'Conservation-with-Development,'" *World Development* 21 (1993): 1659–1675; Annemieke de Kort, "Soil Erosion Assessment in the Dryland Areas of Bolivia Using the RUSLE 3D Model" (MA thesis, Wageningen University, 2013), https://edepot.wur.nl/278541.

28. Pasquale Borrelli et al., "An Assessment of the Global Impact of 21st Century Land Use Change on Soil Erosion," *Nature Communications* 8 (December 2017); André Almagro et al., "Projected Climate Change Impacts in Rainfall Erosivity over Brazil," *Scientific Reports* 7 (August 2017); PwC Brazil, *Agribusiness in Brazil: An Overview*, 2013, 3, https://

www.pwc.com.br/pt/publicacoes/setores-atividade/assets/agribusiness/2013/pwc-agribusiness-brazil-overview-13.pdf; Viviana Zalles, "Near Doubling of Brazil's Intensive Row Crop Area Since 2000," *PNAS* 116 (2019): 428–435; Gustavo H. Merten and Jean P. G. Minella, "The Expansion of Brazilian Agriculture: Soil Erosion Scenarios," *International Soil and Water Conservation Research* 1 (2013): 37–48; Cristian Youlton et al., "Changes in Erosion and Runoff Due to Replacement of Pasture Land with Sugarcane Crops," *Sustainability* 8 (2016): 685; Nilo S. F. de Andrade et al., "Economic and Technical Impact in Soil and Nutrient Loss Through Erosion in the Cultivation of Sugar Cane," *Engenharia Agrícola* 31 (2011): 539–550; Tiago Santos Telles et al., "The Costs of Soil Erosion," *Revista Brasileira de Ciência do Solo* 35 (2011): 287–298.

29. David Pimentel and Michael Burgess, "Soil Threatens Food Production," *Agriculture* 3 (2013): 443–463; Chris Arsenault, "Only 60 Years of Farming Left If Soil Degradation Continues," *Scientific American*, December 5, 2014, https://www.scientificamerican.com/article/only-60-years-of-farming-left-if-soil-degradation-continues/; FAO, "International Year of Soil Conference," 2015 Year of Soils, July 6, 2015, http://www.fao.org/soils-2015/events/detail/en/c/338738/; UN General Assembly, "Food Production Must Double by 2050 to Meet Demand from World's Growing Population, Innovative Strategies Needed to Combat Hunger, Experts Tell Second Committee," UN Meetings Coverage and Press Releases, October 9, 2009, https:// www.un.org/press/en/2009/gaef3242.doc.htm.

30. Prabhu L. Pingali, "Green Revolution: Impacts, Limits, and the Path Ahead," *PNAS* 109 (2012): 12302–12308; "Annual Yield of Rice in India from Financial Year 1991 to 2018, with an Estimate for 2019," Statista, https://www.statista.com/statistics/764299/india-yield-of-rice/; R. L. Nielsen, "Historical Corn Grain Yields in the U.S.," Purdue University, updated April 2020, https://www.agry.purdue.edu/ext/corn/news/timeless/YieldTrends.html.

31. Deepak K. Ray et al., "Recent Patterns of Crop Yield Growth and Stagnation," *Nature Communications* 3 (2012): 1293; Zvi Hochman, David L. Gobbert, and Heidi Horan, "Climate Trends Account for Stalled Wheat Yields in Australia Since 1990," *Global Change Biology* 23 (2017): 2071–

2081; Bernhard Schauberger et al., “Yield Trends, Variability, and Stagnation Analysis of Major Crops in France over More Than a Century,” *Scientific Reports* 8 (2018): 16865; Peter Crosskey, “UK ‘Yield Plateau’ for Wheat and Colza,” Agricultural and Rural Convention 2020, January 15, 2013, https://www.arc2020.eu/uk-yield-plateau-for-wheat-and-colza/.

32. Christine Kinealy, “Saving the Irish Poor: Charity and the Great Famine,” *The 1846–1851 Famine in Ireland: Echoes and Repercussions*, Cahiers du MIMMOC (December 2015), https://doi.org/10.4000/mimmoc.1845; Ed O’Loughlin and Mihir Zaveri, “Irish Return an Old Favor, Helping Native Americans Battling the Virus,” *New York Times*, May 5, 2020.

33. Committee on Commodity Problems, *Historical Background on Food Aid and Key Milestones* (Rome: FAO, 2005); “International Food Aid After 50 Years: A Brief History of Modern Food Aid,” Cornell University, updated May 20, 2011, https://www.cornell.edu/video/international-food-aid-2-brief-history-of-modern-food-aid; Cynthia Graber and Nicola Twilley, “How the U.S. Became the World’s Largest Food-Aid Donor,” *Atlantic,* May 23, 2018, https://www.theatlantic.com/health/archive/2018/05/how-the-us-became-the-worlds-largest-food-aid-donor/560951/; “A Short History of U.S. International Food Assistance,” U.S. Department of State, https://2009-2017.state.gov/p/eur/ci/it/milanexpo2015/c67068.htm; “Famine,” Wikipedia, https://en.wikipedia.org/wiki/Famine; Shahla Shapouri and Stacey Rosen, “Fifty Years of U.S. Food Aid and Its Role in Reducing World Hunger,” Economic Research Service, USDA, September 1, 2004, https://www.ers.usda.gov/amber-waves/2004/september/fifty-years-of-us-food-aid-and-its-role-in-reducing-world-hunger/.

34. UN Security Council, “Amid Humanitarian Funding Gap, 20 Million People Across Africa, Yemen at Risk of Starvation, Emergency Relief Chief Warns Security Council,” UN Meetings Coverage and Press Releases, March 10, 2017, https:// www.un.org/press/en/2017/sc12748.doc.htm; Katrin Park, “The Great American Food Aid Boondoggle,” *Foreign Policy*, December 10, 2019, https://foreignpolicy.com/2019/12/10/america-wheat-hunger-great-food-aid-boondoggle/.

35. Sue Kirchhoff, “Surplus U.S. Food Supplies Dry Up,” *ABC News*,

May 3, 2008, https://abcnews.go.com/Business/story?id=4770135&page=1; IPCC, *Climate Change and Land: An IPCC Special Report on Climate Change, Desertification, Land Degradation, Sustainable Land Management, Food Security, and Greenhouse Gas Fluxes in Terrestrial Ecosystems* (2019), 358, sect. 5.2.2, https://www.ipcc.ch/srccl/; United Nations Convention to Combat Desertification, *National Report on Efforts to Mitigate Desertification in the Western United States: The First United States Report on Activities Relevant to the United Nations Convention to Combat Desertification*, 2006.

36. Robert Arnason, "Soil Erosion Costs Farmers $3.1 Billion a Year in Yield Loss: Scientist," *Western Producer*, January 31, 2019, https://www.producer.com/2019/01/soil-erosion-costs-farmers-3-1-billion-a-year-in-yield-loss-scientist/; David A. Robinson et al., "On the Value of Soil Resources in the Context of Natural Capital and Ecosystem Service Delivery," *Soil Science Issues* 78 (2014): 685–700; IPCC, *Climate Change*, 56, 358.

第七章　气候—土壤二重奏

1. IPCC, *Climate Change and Land: An IPCC Special Report on Climate Change, Desertification, Land Degradation, Sustainable Land Management, Food Security, and Greenhouse Gas Fluxes in Terrestrial Ecosystems* (2019), https://www.ipcc.ch/srccl/.

2. J. Blunden and D. S. Arndt, eds., *A Look at 2019: Takeaway Points from the State of the Climate* (Boston: Bulletin of the American Meteorological Society, 2020), https://www.ametsoc.org/index.cfm/ams/publications/bulletin-of-the-american-meteorological-society-bams/state-of-the-climate/.

3. IPCC, *Climate Change*, 11, 61.

4. "How Can Climate Change Affect Natural Disasters?," Climate and Land Use Change, USGS, https://www.usgs.gov/faqs/how-can-climate-change-affect-natural-disasters-1?qt-news_science_products=0#qt-news_science_products; Linlin Li et al., "A Modest 0.5-m Rise in Sea Level Will Double the Tsunami Hazard in Macau," *Science Advances* 4 (2018): eaat1180; Faith Ka Shun Chan et al., "Flood Risk in Asia's Urban Mega-

Deltas: Drivers, Impacts and Response," *Environment and Urbanization ASIA* 3 (2012): 41–61.

5. Randy Schnepf, *U.S. International Food Aid Programs: Background and Issues*, CRS Report R41072 (2016), 12; Charles E. Hanrahan, *Indian Ocean Earthquake and Tsunamis: Food Aid Needs and the U.S. Response*, CRS Report RS22027 (2005), 2; Blunden and Arndt, *Look at 2019*, 1–11.

6. Senay Habtezion, "Gender and Climate Change" (New York: United Nations Development Programme, 2016), 5.

7. "5 Natural Disasters That Beg for Climate Action," Oxfam International, https://www.oxfam.org/en/5-natural-disasters-beg-climate-action; United Nations, *Climate Change and Indigenous Peoples*, 2007, https://www.un.org/en/events/indig enousday/pdf/Backgrounder_ClimateChange_FINAL.pdf.

8. Nora E. Torres Castillo et al., "Impact of Climate Change and Early Development of Coffee Rust: An Overview of Control Strategies to Preserve Organic Cultivars in Mexico," *Science of the Total Environment* 738 (2020): 140225.

9. Maximilian Heath and Ana Mano, "Argentina, Brazil Monitor Massive Locust Swarm; Crop Damage Seen Limited," Reuters, June 25, 2020, https://www.reuters.com/article/us-argentina-brazil-grains-locusts/argentina-brazil-monitor-massive-locust-swarm-crop-damage-seen-limited-idUSKBN23W34K; Mélissa Goden, "Swarms of Up to 80 Million Locusts Decimating Crops in East Africa, Threatening Food Security for 13 Million People," *Time*, February 14, 2020, https://time.com/5784323/un-locust-east-africa/; "FAO Welcomes Additional €15 Million from the European Union to Fight Desert Locusts and Their Impacts on Food Security," FAO, July 8, 2020, http://www.fao.org/news/story/en/item/1296770/icode/.

10. Muhammad Farooq et al., "Soil Degradation and Climate Change in South Asia," in *Soil and Climate*, ed. Rattan Lal and B. A. Stewart (New York: CRC Press, 2018), 330–332; Merritt R. Turetsky et al., "Global Vulnerability of Peatlands to Fire and Carbon Loss," *Nature Geoscience* 8 (2015): 11–14.

11. IPCC, *Climate Change*, 6, 11; Ottmar Edenhofer et al., eds., *Climate*

Change 2014: Mitigation of Climate Change; Contribution of Working Group III to the Fifth Assessment Report of the Intergovernmental Panel on Climate Change (New York: Cambridge University Press, 2014); David A. N. Ussiri and Rattan Lal, *Carbon Sequestration for Climate Change Mitigation and Adaptation* (Cham, Switzerland: Springer International, 2017); Jonathan Sanderman, Tomislav Hengl, and Gregory J. Fiske, "Soil Carbon Debt of 12,000 Years of Human Land Use," *PNAS* 114 (2017): 9575–9580.

12. Joseph M. Prospero and Olga L. Mayol-Bracero, "Understanding the Transport and Impact of African Dust on the Caribbean Basin," *Bulletin of the American Meteorological Society* 94 (2003): 1329–1337; Pablo Méndez Lázaro, quoted in Sabrina Imbler, "A Giant Dust Storm Is Heading Across the Atlantic," *Atlantic*, June 24, 2020, https://www.theatlantic.com/science/archive/2020/06/saharan-dust-storms-giving-earth-life/613441/; Cornelius Oertel et al., "Greenhouse Gas Emissions from Soils: A Review," *Geochemistry* 76 (2016): 327–352.

13. Pete Smith et al., "Agriculture, Forestry and Other Land Use (AFOLU)," in Edenhofer et al., *Climate Change 2014*, 811–922.

14. Merritt R. Turetsky et al., "Global Vulnerability of Peatlands to Fire and Carbon Loss," *Nature Geoscience* 8 (2015): 11–14; Raymond R. Weil and Nyle C. Brady, *Nature and Properties of Soils*, 15th ed. (London: Pearson, 2017), 296.

15. Clifton Bain and Emma Goodyer, *Horticulture and Peatlands: A Discussion Briefing for Scotland's National Peatland Plan Steering Group* (IUCN UK Peatland Programme, 2016), 1–6; Martin Evans and John Lindsay, "The Impact of Gully Erosion on Carbon Sequestration in Blanket Peatlands," *Climate Research* 45 (2010): 31–41; Niall McNamara et al., "Gully Hotspot Contribution to Landscape Methane (CH_4) and Carbon Dioxide (CO_2) Fluxes in the Northern Peatland," *Science Total Environment* 404 (2008): 354–360; Richard Lindsay, Richard Birnie, and Jack Clough, *IUCN UK Committee Peatland Programme Briefing Note No. 9: Weathering, Erosion and Mass Movement of Blanket Bog* (University of East London, 2014), 1–6; Virginia Gewin, "How Peat Could Protect the Planet," *Nature* 578 (2020): 204–208.

16. World Wildlife Fund, "8 Things to Know about Palm Oil," WWF, January 17, 2020, https://www.wwf.org.uk/updates/8-things-know-about-palm-oil; Lulie Melling et al., "Soil CO_2 Fluxes from Different Ages of Oil Palm in Tropical Peatland of Sarawak, Malaysia," in *Soil Carbon*, ed. Alfred E. Hartemink and Kevin McSweeney (New York: Springer, 2014), 447–455; Jordan Hanania et al., "Gigatonne," Energy Education, University of Calgary, https://energyeducation.ca/ency clopedia/Gigatonne.

17. Bowen Zhang et al., "Methane Emissions from Global Rice Fields: Magnitude, Spatiotemporal Patterns, and Environmental Controls," *Global Biogeochemical Cycles* 30 (2016): 1246–1263; Virender Kumar and Jagdish K. Ladha, "Direct Seeding of Rice: Recent Developments and Future Research Needs," *Advances in Agronomy* 111 (2011): 297–413; "Rice Productivity," Ricepedia, Research Program on Rice, http:// ricepedia.org/rice-as-a-crop/rice-productivity; Kewei Yu and William H. Patrick Jr., "Redox Window with Minimum Global Warming Potential Contribution from Rice Soils," *Soil Science Society of America Journal* 68 (2004): 2086–2091.

18. Yu Jiang et al., "Higher Yields and Lower Methane Emissions with New Rice Cultivars," *Global Change Biology* 23 (2017): 4728–4738; Yu Jiang et al., "Acclimation of Methane Emissions from Rice Paddy Fields to Straw Addition," *Science Advances* 5 (2019): eaau9038; Yuanfeng Cai et al., "Conventional Methanotrophs Are Responsible for Atmospheric Methane Oxidation in Paddy Soils," *Nature Communications* 7 (June 2016): 11728.

19. Kimberly P. Wickland et al., "Effects of Permafrost Melting on CO_2 and CH_4 Exchange of a Poorly Drained Black Spruce Lowland," *Journal of Geophysical Research* 111 (2006): G02011; Blunden and Arndt, *Look at 2019*, 1–11.

20. A. R. Ravishankara, John S. Daniel, and Robert W. Portmann, "Nitrous Oxide (N_2O): The Dominant Ozone-Depleting Substance Emitted in the 21st Century," *Science* 326 (2009): 123–125; David B. Parker et al., "Enteric Nitrous Oxide Emissions from Beef Cattle," *Professional Animal Scientist* 34 (2018): 594–607.

21. IPCC, *Climate Change*, 11, 46.

22. Elizabeth A. Ainsworth and Stephen P. Long, "30 Years of Free-Air

Carbon Dioxide Enrichment (FACE): What Have We Learned About Future Crop Productivity and Its Potential for Adaptation?," *Global Change Biology* 27 (2021): 27–49.

23. Y. Govaerts and A. Lattanzio, "Surface Albedo Response to Sahel Precipitation Changes," *Eos* 88 (2007): 25–26.

24. Philipp Mueller, *The Sahel Is Greening* (London: Global Warming Policy Foundation, 2011), 1–13; Lennart Olsson, "Greening of the Sahel," Encyclopedia of Earth, updated July 27, 2012, https://editors.eol.org/eoearth/wiki/Greening_of_the_Sahel; Lennart Olsson, L. Eklundh, and J. Ardö, "A Recent Greening of the Sahel—Trends, Patterns and Potential Causes," *Journal of Arid Environments* 63 (2005): 556–566.

25. IPCC, *Climate Change*, 8, 44.

26. Rattan Lal, "Sequestering Carbon in Soils of Agro-Ecosystems," *Food Policy* 36 (2011): S33–S39; "How Can Climate Change Affect Natural Disasters?"

27. Dominic Woolf et al., "Biochar for Climate Mitigation: Navigating from Science to Evidence-Based Policy," in *Soil and Climate*, ed. Rattan Lal and B. A. Stewart, 220–248 (New York: CRC Press, 2018).

28. Turetsky, "Global Vulnerability," 11–14; Narayan Sastry, "Forest Fires, Air Pollution, and Mortality in Southeast Asia," *Demography* 39 (2002): 1–23.

29. Dennis Normile, "Parched Peatlands Fuel Indonesia's Blazes," *Science* 366 (2019): 18–19.

30. "The Paris Agreement," United Nations Climate Change, https://unfccc.int/process-and-meetings/the-paris-agreement/the-paris-agreement; William H. Schlesinger and Ronald Amundson, "Managing for Soil Carbon Sequestration: Let's Get Real-istic," *Global Change Biology* 25 (2019): 386–389; Keith Paustian et al., "Climate-Smart Soils," *Nature* 532 (2016): 49–57.

31. Bijesh Maharjan, Saurav Das, and Bharat Sharma Acharya, "Soil Health Gap: A Concept to Establish a Benchmark for Soil Health Management," *Global Ecology and Conservation* 23 (2020): e01116; Paustian et al., "Climate-Smart Soils," 49–57; Ussiri and Lal, *Carbon Sequestration*, 327–341.

第八章　土壤管家

1. David R. Montgomery, *Dirt: The Erosion of Civilizations, with a New Preface* (Berkeley: University of California Press, 2012).

2. Donald A. Davidson and Stephen P. Carter, "Micromorphological Evidence of Past Agricultural Practices in Cultivated Soils: The Impact of a Traditional Agricultural System on Soils in Papa Stour, Shetland," *Journal of Archaeological Science* 25 (1998): 827–838.

3. Manuel Arroyo-Kalin, "Amazonian Dark Earths: Geoarchaeology," in *Encyclopedia of Global Archaeology*, ed. Claire Smith (New York: Springer, 2014).

4. Michael E. Smith, *The Aztecs* (Hoboken, N.J.: John Wiley and Sons, 2013), table 3.1; Naomi Tomky, "Mexico's Famous Floating Gardens Return to Their Agricultural Roots," *Smithsonian Magazine*, January 31, 2017, https://www.smithsonian mag.com/travel/mexicos-floating-gardens-return-their-agricultural-roots-180961899/; FAO, "Chinampas of Mexico City Were Recognized as an Agricultural Heritage System of Global Importance," http://www.fao.org/americas/noticias/ver/en/c/1118851/.

5. "Rice Terraces of the Philippine Cordilleras," UNESCO, https://whc.unesco.org/en/list/722/; Rogelio N. Concepcion, Edna Samar, and Mario Collado, *Multifunctionality of the Ifugao Rice Terraces in the Philippines* (Diliman, Quezon City, Philippines: Bureau of Soil and Water Management, 2006).

6. Christopher Poeplau and Axel Don, "Carbon Sequestration in Agricultural Soils via Cultivation of Cover Crops: A Meta-Analysis," *Agriculture, Ecosystems and Environment* 200 (2015): 33–41.

7. "6 Ways Indigenous Peoples Are Helping the World Achieve #ZeroHunger," FAO, September 8, 2017, http://www.fao.org/indigenous-peoples/news-article/en/c/1029002/.

8. A. Ford, "The Roots of the Maya Calendar," in *World History: Ancient and Medieval Eras*, ed. David Tipton et al. (online database, ABC-CLIO Solutions, 2012); Robert F. Spencer and Jesse D. Jennings, *The Native*

Americans (New York: Harper and Row, 1977), 461–477.

9. Joost van Heerwaarden et al., "Genetic Signals of Origin, Spread, and Introgression in a Large Sample of Maize Landraces," *PNAS* 108 (2011): 1088–1092; Yoshihiro Matsuoka et al., "A Single Domestication for Maize Shown by Multilocus Microsatellite Genotyping," *PNAS* 99 (2002): 6080–6084.

10. Sheryl Luzzadder-Beach, Timothy P. Beach, and Nicholas P. Dunning, "Wetland Fields as Mirrors of Drought and the Maya Abandonment," *PNAS* 109 (2012): 3646–3651; David L. Lentz et al., "Molecular Genetic and Geochemical Assays Reveal Severe Contamination of Drinking Water Reservoirs at the Ancient Maya City of Tikal," *Scientific Reports* 10 (2020): 10316; Montgomery, *Dirt*, 74–78; Anabel Ford and Ronald Nigh, *The Maya Forest Garden: Eight Millennia of Sustainable Cultivation of the Woodlands* (New York: Routledge, 2015), 38, 77–96; Jared Diamond, *Collapse: How Societies Choose to Fail or Succeed* (London: Penguin, 2011), 159–160, 172–173.

11. Canadian Museum of History, "Maya Civilization," https://www.history museum.ca/cmc/exhibitions/civil/maya/mmc12eng.html; C. A. Petrie and J. Bates, "'Multi-Cropping,' Intercropping and Adaptation to Variable Environments in Indus South Asia," *Journal of World Prehistory* 30 (2017): 81–130; Anabel Ford and Ronald Nigh, "The Milpa Cycle and the Making of the Maya Forest Garden," *Research Reports in Belizean Archaeology* 7 (2010): 183–190; Daniel C. Allen, Bradley J. Cardinale, and Theresa Wynn-Thompson, "Plant Biodiversity Effects in Reducing Fluvial Erosion Are Limited to Low Species Richness," *Ecology* 97 (2016): 17–24; Anabel Ford, "Maya Forest Garden," in *Encyclopedia of Global Archaeology*, ed. Claire Smith (Cham, Switzerland: Springer, 2018); Stewart A. W. Diemont et al., "Lacandon Maya Forest Management: Restoration of Soil Fertility Using Native Tree Species," *Ecological Engineering* 28 (2006): 205–212.

12. Ford and Nigh, *Maya Forest Garden*, 38, 41–68; David Webster, *The Fall of the Ancient Maya: Solving the Mystery of the Maya Collapse* (London: Thames and Hudson, 2002), 348; Michael D. Coe and Stephen Houston, *The Maya*, 9th ed. (London: Thames and Hudson, 2015), 231; Ellen

Gray, "Landsat Top Ten—International Borders: Mexico and Guatemala," NASA, July 23, 2012, https://www.nasa.gov/mission_pages/landsat/news/40th-top10-mexico-guatemala.html; Tom Sever, "Archeological Research in the Petén, Guatemala," n.d., NASA, https://weather.msfc.nasa.gov/archeology/peten.html; Betsy Mason, "Landsat's Most Historically Significant Images of Earth from Space," July 23, 2012, Wired, https://www.wired.com/2012/07/landsat-40-significant-images/.

13. Ronald Nigh and Stewart A. W. Diemont, "The Maya Milpa: Fire and the Legacy of Living Soil," *Frontiers in Ecology and the Environment* 11 (2013): e45–e54.

14. Montgomery, *Dirt*, 74–78; Laura C. Schneider, "Bracken Fern Invasion in Southern Yucatán: A Case for Land-Change Science," *Geographical Review* 94 (2004): 229–241.

15. Flavio S. Anselmetti et al., "Quantification of Soil Erosion Rates Related to Ancient Maya Deforestation," *Geology* 35 (2007): 915; Timothy Beach et al., "Impacts of the Ancient Maya on Soil Erosion in the Central Maya Lowlands," *Catena* 65 (2006): 166–178.

16. Scott Macrae and Gyles Iannone, "Understanding Ancient Maya Agricultural Terrace Systems Through LIDAR and Hydrological Mapping," *Advances in Archaeological Practice* 4 (2016): 371–392.

17. Ronald Nigh, "Trees, Fire, and Farmers: Making Woods and Soil in the Maya Forest," *Journal of Ethnobiology* 28 (2008): 231–243; Ford and Nigh, "Milpa Cycle," 183–190; Mark Stevenson, "Mexico's Indigenous Lacandon Battle Settlers over Rainforest," Associated Press, October 11, 2019, https://apnews.com/article/4b066fcf65ee494ab36c144904994725; Anabel Ford, Keith C. Clarke, and Gary Raines, "Modeling Settlement Patterns of the Late Classic Maya Civilization with Bayesian Methods and Geographic Information Systems," *Annals of the Association of American Geographers* 99 (2009): 496–520; Nigh and Diemont, "Maya Milpa."

18. Alisher Mirzabaev, Jiang Wu, et al., "Desertification," in IPCC, *Climate Change and Land: An IPCC Special Report on Climate Change, Desertification, Land Degradation, Sustainable Land Management, Food Security, and Greenhouse Gas Fluxes in Terrestrial Ecosystems* (2019),

https://www.ipcc.ch/srccl/; J. A. Sandor et al., *Soil Knowledge Embodied in a Native American Runoff Agroecosystem* (Bangkok: World Congress of Soil Science, 2002).

19. David A. Cleveland et al., "Zuni Farming and United States Government Policy: The Politics of Biological and Cultural Diversity in Agriculture," *Agriculture and Human Values* 12 (1995): 2–18; Gary Paul Nabhan, Patrick Pynes, and Tony Joe, "Safeguarding Species, Languages, and Cultures in the Time of Diversity Loss: From the Colorado Plateau to Global Hotspots," *Annals of the Missouri Botanical Garden* 89 (2002): 164–175.

20. Jeffrey A. Homburg, Jonathan A. Sandor, and Jay B. Norton, "Anthropogenic Influences on Zuni Agricultural Soils," *Geoarchaeology* 20 (2005): 661–693.

21. Jonathan A. Sandor, "Biogeochemical Studies of a Native American Runoff Agroecosystem," *Geoarchaeology* 22 (2007): 359–386; Sandor, *Soil Knowledge*; Kelly M. Coburn, Edward R. Landa, and Gail E. Wagner, *Of Silt and Ancient Voices: Water and the Zuni Land and People* (Buffalo, N.Y.: National Center for Case Study Teaching, University of Buffalo, 2014).

22. Cleveland et al., "1995 Zuni Farming," 2–18.

23. Fanny Wonu Veys, *Mana Māori: The Power of New Zealand's First Inhabitants* (Leiden: Leiden University Press, 2010).

24. Jessica Hutchings, Jo Smith, and Garth Harmsworth, "Elevating the Mana of Soil Through the Hua Parakore Framework," *MAI Journal* 7, no. 1 (2018).

25. Garth R. Harmsworth and N. Roskruge, "Indigenous Māori Values, Perspectives and Knowledge of Soils in Aotearoa-New Zealand: Chapter 9—Beliefs, and Concepts of Soils, the Environment and Land," in *The Soil Underfoot: Infinite Possibilities for a Finite Resource*, ed. G. J. Churchman and E. R. Landa (Boca Raton, Fla.: CRC Press, 2014), 111–126.

26. D. Rhodes, "Rehabilitation of Deforested Steep Slopes on the East Coast of New Zealand's North Island," *Unasylva* 52 (2001): 21–29; Science Learning Hub, "Middens," https://www.sciencelearn.org.nz/resources/1460-middens; Tara A. Kniskern et al., "Sediment Accumulation Patterns and Fine-Scale Strata Formation on the Waiapu River Shelf, New Zealand," *Marine*

Geology 270 (2010): 188–201.

27. Brad Japhe, "The Wild Story of Manuka, the World's Most Coveted Honey," AFAR, April 20, 2018, https://www.afar.com/magazine/the-wild-story-of-manuka-the-worlds-most-coveted-honey; Matthew Johnston et al., "Antibacterial Activity of Manuka Honey and Its Components: An Overview," *AIMS Microbiology* 4 (2018): 655–664.

第九章　土壤群英

1. Damien Houlahan, "Preparing for the Future of Almonds: The Next 10 Years," Olam, https://www.olamgroup.com/investors/investor-library/olam-insights/issue-1-forging-ahead-creating-secure-future-almonds-californian-agriculture/pre paring-future-almonds-next-10-years.html; Delicia Warren, "Global Almond Industry Has Projected CAGR of More Than 7% Through 2028," American Journal of Transportation, https://www.ajot.com/insights/full/ai-global-almond-industry-has-projected-cagr-of-more-than-7-through-2028.

2. FAO, *Small Family Farms Country Factsheet: Malawi* (Rome: FAO, 2018); George Rapsomanikis, *The Economic Lives of Smallholder Farmers: An Analysis Based on Household Data from Nine Countries* (Rome: FAO, 2015); FAO, *Small Family Farms Country Factsheet: Guatemala* (Rome: FAO, 2018).

3. S. M. Crispin et al., "The 2001 Mouth and Foot Disease Epidemic in the United Kingdom: Animal Welfare Perspectives," *Reviews of Science and Technology* 21 (2002): 877–883; World Bank, "Impacts of COVID-19 on Commodity Markets Heaviest on Energy Prices: Lower Oil Demand Likely to Persist Beyond 2021," news release no. 2021/047/EFI, October 22, 2020, https://www.worldbank.org/en/news/press-release/2020/10/22/impact-of-covid-19-on-commodity-markets-heaviest-on-energy-prices-lower-oil-demand-likely-to-persist-beyond-2021; Christian Elleby et al., "Impacts of the COVID-19 Pandemic on the Global Agricultural Markets," *Environmental and Resource Economics* 76 (2020): 1067–1079.

4. "Farmer Suicides: A Global Phenomenon," Brewhouse,

Perspective, Pragati, May 6, 2015, http://pragati.nationalinterest.in/2015/05/farmer-suicides-a-global-phenomena/; Vishnu Padmanabhan and Pooja Danteadia, "The Geography of Farmer Suicides," Mint, January 16, 2020, https://www.livemint.com/news/india/the-geography-of-farmer-suicides-11579108457012.html; Dominic Merriott, "Factors Associated with the Farmer Suicide Crisis in India," *Journal of Epidemiology and Global Health* 6 (2016): 217–227; Center for Human Rights and Global Justice, *Every Thirty Minutes: Farmer Suicides, Human Rights, and the Agrarian Crisis in India* (New York: NYU School of Law, 2011); Matt Perdue, "A Deeper Look at the CDC Findings on Farm Suicides," National Farmers Union, November 27, 2018, https:// nfu.org/2018/11/27/cdc-study-clarifies-data-on-farm-stress-2/; Cora Peterson et al., "Suicide Rates by Major Occupational Group: 17 States, 2012 and 2015," *Morbidity and Mortality Weekly Report* 67 (2018): 1254–1260.

5. Robert A. Hoppe, "Profit Margin Increases with Farm Size," in *Structure and Finances of U.S. Farms: Family Farm Report, 2014 Edition*, EIB-132, U.S. Department of Agriculture, Economic Research Service, December 2014.

6. James M. MacDonald, Penni Korb, and Robert A. Hoppe, "Farm Size and the Organization of U.S. Crop Farming," ERR-152, U.S. Department of Agriculture, Economic Research Service, August 2013.

7. Caroline Schneider, "Aldo Leopold and the Coon Valley Watershed Conservation Project," Certified Crop Adviser, https://www.certifiedcropadviser.org/science-news/aldo-leopold-and-coon-valley-watershed-conservation-project/; Gregory Hitch, "Lessons from Coon Valley: The Importance of Collaboration in Watershed Management," Aldo Leopold Foundation, July 23, 2015, https://www.aldoleopold.org/post/lessons-from-coon-valley-the-importance-of-collaboration-in-watershed-management/.

8. C. B. Johnson and W. C. Moldenhauer, "Effect of Chisel versus Moldboard Plowing on Soil Erosion by Water," *Soil Science Society of America Journal* 43 (1979): 177–179.

9. David R. Montgomery, "Soil Erosion and Agricultural Sustainability," *PNAS* 104 (2014): 13268–13272; Ronald E. Phillips et al.,

"No-Tillage Agriculture," *Science* 208 (1980): 1108–1113; Tiago Santos Telles, Bastiaan Philip Reydon, and Alexandre Gori Maia, "Effects of No-Tillage on Agricultural Land Values in Brazil," *Land Use Policy* 76 (2018): 124–129; A. Kassam, T. Friedrich, and R. Derpsch, "Global Spread of Conservation Agriculture," *International Journal of Environmental Studies* 76, no. 1 (2019).

10. Tyrone B. Hayes et al., "Hermaphroditic, Demasculinized Frogs After Exposure to the Herbicide Atrazine at Low Ecologically Relevant Doses," *PNAS* 99 (2002): 5476–5480; Tolga Cavas, "In Vivo Genotoxicity Evaluation of Atrazine and Atrazine-Based Herbicide on Fish *Carassius auratus* Using the Micronucleus Test and the Comet Assay," *Food and Chemical Toxicology* 49 (2011): 1431–1435; Mariana Cruz Delcorso et al., "Effects of Sublethal and Realistic Concentrations of the Commercial Herbicide Atrazine in Pacu (*Piaractus mesopotamicus*): Long-Term Exposure and Recovery Assays," *Vet World* 13 (2020): 147–159; Agency for Toxic Substances and Disease Registry, *Toxicological Profile for Atrazine* (Atlanta, Ga.: U.S. Department of Health and Human Services, Public Health Service), https://www.atsdr.cdc.gov/toxprofiles/tp153-c1-b.pdf.

11. Graham Brookes and Peter Barfoot, "Global Income and Production Impacts of Using GM Crop Technology, 1996–2013," *GM Crops and Food* 6 (2015): 13–46; Srinivasa Konduru, John Kruse, and Nicholas Kalaitzandonakes, "The Global Economic Impacts of Roundup Ready Soybeans," in *Genetics and Genomics of Soy-bean*, ed. Gary Stacey, 375–395 (New York: Springer, 2008); Phillip N. Johnson and Jason Blackshear, "Economic Analysis of Roundup Ready Versus Conventional Cotton Varieties in the Southern High Plains of Texas," *Texas Journal of Agriculture and Natural Resources* 17 (2004): 87–96.

12. "Recent Trends in GE Adoption," Economic Research Service, U.S. Department of Agriculture, last updated July 17, 2020, https://www.ers.usda.gov/data-products/adoption-of-genetically-engineered-crops-in-the-us/recent-trends-in-ge-adoption.aspx.

13. Graham Brookes, Farzad Taheripour, and Wallace E. Tyner, "The Contribution of Glyphosate to Agriculture and Potential Impact of

Restrictions on Use at the Global Level," *GM Crops and Food* 8 (2017): 216–228; Ian Heap and Stephen O. Duke, "Overview of Glyphosate-Resistant Weeds Worldwide," *Pest Management Science* 74 (2018): 1040–1049.

14. Kathryn Z. Guyton et al., "Carcinogenicity of Tetrachlorvinphos, Parathion, Malathion, Diazinon, and Glyphosate," *Lancet Oncology* 16 (2015): 490–491.

15. Nakian Kim et al., "Do Cover Crops Benefit Soil Microbiome? A MetaAnalysis of Current Research," *Soil Biology and Biochemistry* 241 (2020): 107701.

16. James D. Plourde, Bryan C. Pijanowski, and Burak K. Pekin, "Evidence for Increased Monoculture Cropping in the Central United States," *Agriculture, Ecosystems, and Environment* 165 (2013): 50–59.

17. Luis Damiano and Jarad Niemi, *Quantification of the Impact of Prairie Strips on Grain Yield at the Neal Smith National Wildlife Refuge* (Ames: Iowa State University Department of Statistics, 2020); Javed Iqbal et al., "Denitrification and Nitrous Oxide Emissions in Annual Croplands, Perennial Grass Buffers, and Restored Perennial Grasslands," *Soil Science Society of America Journal* 79 (2015); Adam G. Dolezal et al., "Native Habitat Mitigates Feast-Famine Conditions Faced by Honey Bees in an Agricultural Landscape," *PNAS* 116 (2019): 25147–25155.

18. Telles, Reydon, and Maia, "Effects of No-Tillage," 124–129.

19. Craig Mackintosh, "Worldwide Permaculture Network: Project Type Descriptions," Permaculture News, Permaculture Research Institute, January 4, 2011, https://www.permaculturenews.org/2011/01/04/worldwide-permaculture-network-project-type-descriptions/.

20. "The Four Principles of Organic Agriculture," IFOAM Organics International, https://www.ifoam.bio/why-organic/shaping-agriculture/four-principles-organic.

21. "Global Organic Area Continues to Grow," Fresh Plaza, February 17, 2020, https://www.freshplaza.com/article/9189536/global-organic-area-continues-to-grow/; Helga Willer, "Organic Market Worldwide: Observed Trends in the Last Few Years," Bio Eco Actual, October 3, 2020, https://www.bioecoactual.com/en/2020/03/10/organic-market-worldwide-

observed-trends-in-the-last-few-years/; "Global Organic Market: Export Opportunity Analysis," Global Marketing Associates, May 6, 2020, http://www.globalmarketing1.com/food-beverage/global-organic-market-export-opportunity-analysis/; Verena Seufert, Navin Ramankutty, and Jonathan A. Foley, "Comparing the Yields of Organic and Conventional Agriculture," *Nature* 485 (2012): 229–234.

22. Madelon Lohbeck et al., "Drivers of Farmer-Managed Natural Regeneration in the Sahel: Lessons for Restoration," *Scientific Reports* 10 (2020): 15038.

23. Duncan Gromko, "In Semi-Arid Africa, Farmers Are Transforming the 'Underground Forest' into Life-Giving Trees," Ensia, Institute on the Environment, February 11, 2020, https://ensia.com/features/in-semi-arid-africa-farmers-are-trans forming-the-underground-forest-into-life-giving-trees/; Joachim N. Binam et al., "Effects of Farmer Managed Natural Regeneration on Livelihoods in Semi-Arid West Africa," *Environmental Economics and Policy Studies* 17 (2015): 543–575; Peter Weston et al., "Farmer-Managed Natural Regeneration Enhances Rural Livelihoods in Dryland West Africa," *Environmental Management* 55 (2015): 1402–1417.

24. Lohbeck et al., "Drivers" ; J. Bayala et al., "Regenerated Trees in Farmers' Fields Increase Soil Carbon Across the Sahel," *Agroforestry Systems* 94 (2020): 401– 415.

25. Mimi Hillenbrand et al., "Impacts of Holistic Planned Grazing with Bison Compared to Continuous Grazing with Cattle in South Dakota Shortgrass Prairie," *Agriculture, Ecosystems, and Environment* 279 (2019): 156–168; Barry Estabrook, "Meet Allan Savory, the Pioneer of Regenerative Agriculture," *Successful Farming*, March 8, 2018, https://www.agriculture.com/livestock/cattle/meet-allan-savory-the-pioneer-of-regenerative-agriculture.

26. Paige L. Stanley et al., "Impacts of Soil Carbon Sequestration on Life Cycle Greenhouse Gas Emissions in Midwestern USA Beef Finishing Systems," *Agricultural Systems* 162 (2018): 249–258.

27. "Urban Farms," United Community Centers, https://ucceny.org/urban-farm/.

28. Richard Schiffman, "The City's Buried Treasure Isn't Under the Dirt. It Is the Dirt," *New York Times*, July 25, 2018, https://www.nytimes.com/2018/07/25/ny region/the-citys-buried-treasure-isnt-under-the-dirt-it-is-the-dirt.html.

29. Miigle+, "The Rise of Urban Farming," *Medium*, May 25, 2019, https:// medium.com/@Miigle/the-rise-of-urban-farming-cf894db51784; Liz Stinson, "World's Largest Rooftop Urban Farm to Open in Paris Next Year," Curbed, August 15, 2019, https://www.curbed.com/2019/8/15/20806540/paris-rooftop-urban-farm-opening; Kimberly Lim and Kalpana Sunder, "From Singapore to India, Urban Farms Sprout Up as Coronavirus Leaves Bollywood Celebrities with Thyme on Their Hands," *South China Morning Post*, August 2, 2020, https://www.scmp.com/week-asia/people/article/3095592/singapore-india-urban-farms-sprout-coronavirus-leaves-bollywood.

第十章　拥有土壤的世界

1. "United Nations Environment Programme: Nairobi Declaration on the State of Worldwide Environment," *International Legal Materials* 21 (1982): 677; FAO and ITPS, *Status of the World's Soil Resources: Main Report* (Rome: FAO, 2015), 225; "Protocol on the Implementation of the Alpine Convention of 1991 in the Field of Soil Conservation: Soil Conservation Protocol," *Official Journal of the European Union* (December 2015).

2. Samantha Harrington, "How Climate Change Affects Mental Health," Yale Climate Connections, Yale Center for Environmental Communication, February 4, 2020, https://yaleclimateconnections.org/2020/02/how-climate-change-affects- mental-health/; Kari Marie Norgaard, "Cognitive and Behavioral Challenges in Responding to Climate Change" (working paper, The World Bank, Washington, D.C., May 2009).

3. Scott Barrett, *Environment and Statecraft: The Strategy of Environmental Treaty Making* (Oxford: Oxford University Press, 2003), 1–18; 4 Per 1000 Initiative (website), 4 per 1000, https://www.4p1000.org.

4. Budiman Minasny et al., “Soil Carbon 4 per Mille,” *Geoderma* 292 (April 2017): 59–86; Rattan Lal, “Digging Deeper: A Holistic Perspective of Factors Affecting Soil Organic Carbon Sequestration in Agroecosystems,” *Global Change Biology* 24 (2018): 3285–3301; Adam Chambers, Rattan Lal, and Keith Paustian, “Soil Car-bon Sequestration Potential of US Croplands and Grasslands: Implementing the 4 per Thousand Initiative,” *Journal Soil Water Conservation* 71 (2016): 68A–74A; William H. Schlesinger and Ronald Amundson, “Managing for Soil Carbon Sequestration: Let’s Get Realistic,” *Global Change Biology* 25 (2019): 386–389.

5. Schlesinger and Amundson, “Managing” ; Bijesh Maharjan, Saurav Das, and Bharat Sharma Acharya, “Soil Health Gap: A Concept to Establish a Benchmark for Soil Health Management,” *Global Ecology and Conservation* 23 (2020): e01116.

6. Schlesinger and Amundson, “Managing,” 386–389; Minasny et al., “Soil” ; “The Paris Agreement,” United Nations Framework Convention on Climate Change, https://unfccc.int/process-and-meetings/the-paris-agreement/the-paris-agreement.

7. R. A. Houghton, “The Annual Net Flux of Carbon to the Atmosphere from Changes in Land Use, 1850–1990,” *Tellus B: Chemical and Physical Meteorology* 51 (1999): 298–313.

8. Chambers, Lal, and Paustian, “Soil Carbon Sequestration Potential” ; “Average American Carbon Footprint,” Inspire, July 21, 2020, https://www.inspireclean energy.com/blog/clean-energy-101/average-american-carbon-footprint.

9. *The State and Future of U.S. Soils: Framework for a Federal Strategic Plan for Soil Science*, Subcommittee on Ecological Systems, Committee on Environment, Natural Resources, and Sustainability of the NSTC (December 2016).

10. Ed Maixner and Philip Brasher, “Carbon Markets Lure Farmers, but Will Benefits Be Enough to Hook Them?,” Agri-Pulse, November 23, 2020, https://www.agri-pulse.com/articles/14880-carbon-markets-lure-farmers-but-are-benefits-enough-to-hook-them.

11. “Global Meat Production, 1961 to 2018,” Our World in Data,

https://our worldindata.org/grapher/global-meat-production; Mimi Hillenbrand et al., "Impacts of Holistic Planned Grazing with Bison Compared to Continuous Grazing with Cattle in South Dakota Shortgrass Prairie," *Agriculture, Ecosystems, and Environment* 279 (2019): 156–168.

12. Cass R. Sunstein, *How Change Happens* (Cambridge, Mass.: MIT Press, 2019); Malcolm Gladwell, *The Tipping Point: How Little Things Can Make a Big Difference* (Boston: Little, Brown, 2000).

13. Rachel Carson, *Silent Spring* (Boston: Houghton Mifflin, 1962); Mark Kitchell, director, "Evolution of Organic," April 20, 2017, https://evolutionoforganic.com.

14. Franklin Fearing, "Influence of the Movies on Attitudes and Behavior," *Annals of the American Academy of Political and Social Science* 254 (1947): 70–79; Marty Kaplan, "Thank You, Norman Lear," *Norman Lear Center* (blog), https://learcenter.org/thank-you-norman-lear/; William DeJong and Jay A. Winsten, "The Use of Mass Media in Substance Abuse Prevention," *Health Affairs* 9 (1990): 30–46; Deborah Glik et al., "Health Education Goes Hollywood: Working with Prime-Time and Daytime Entertainment Television for Immunization Promotion," *Journal of Health Communication* 3 (2010): 263–282; Environment Media Association (website), https:// www.green4ema.org; Jay A. Winsten, "Promoting Designated Drivers: The Harvard Alcohol Project," *American Journal of Preventative Medicine* 10 (1994): 11–14.

15. Anthony A. Leiserowitz, "Day After Tomorrow: Study of Climate Change Risk Perception," *Environment* 46 (2004): 23–37; Ron Von Burg, "Decades Away or the Day After Tomorrow?: Rhetoric, Film, and the Global Warming Debate, Critical Studies in Media," *Critical Studies in Media Communication* 29 (2012): 7–26; Bridie McGreavy and Laura Lindenfeld, "Entertaining Our Way to Engagement? Climate Change Films and Sustainable Development Values," *International Journal of Sustainable Development* 17 (2014): 123–136.

16. "More People Are Gaming in the U.S., and They're Doing So Across More Platforms," NPD, July 20, 2020, https://www.npd.com/wps/portal/npd/us/news/press-releases/2020/more-people-are-gaming-in-the-

us/; J. Clement, "Number of Active Video Gamers Worldwide from 2015 to 2023," Statista, January 29, 2021, https://www.statista.com/statistics/748044/number-video-gamers-world/; Max Mastro, "Over 3 Billion People Play Video Games, New Report Reveals," Screen Rant, August 16, 2020, https://screenrant.com/how-many-people-play-video-games-dfc-2020/; Peter Moore, "Poll Results: Reading," YouGov, September 30, 2013, https:// today.yougov.com/topics/arts/articles-reports/2013/09/30/poll-results-reading.

17. National Research Council, *Climate Intervention: Carbon Dioxide Removal and Reliable Sequestration* (Washington, D.C.: National Academies Press, 2015), 107; David Emerson, "Biogenic Iron Dust: A Novel Approach to Ocean Iron Fertilization as a Means of Large Scale Removal of Carbon Dioxide from the Atmosphere," *Frontiers in Marine Science* 6 (February 2019).

参考文献

引　言

Olson, A. Ester Sztein, and Donald L. Sparks. "Soil and Human Security in the 21st Century." *Science* 348 (2015): 1261071.

Cruse, Richard, D. Flanagan, J. Frankenberger, B. Gelder, D. Herzmann, D. James, W. Krajewski, et al. "Daily Estimates of Rainfall, Water Runoff, and Soil Erosion in Iowa." *Journal of Soil and Water Conservation* 61 (2006): 191.

FAO and ITPS. *Status of the World's Soil Resources: Main Report.* Rome: FAO, 2015.

Montgomery, David R. "Soil Erosion and Agricultural Sustainability." *PNAS* 104 (2014): 13268–13272.

第一章　开端：一场看不见的危机

Ussiri, David A. N., and Rattan Lal. *Carbon Sequestration for Climate Change Mitigation and Adaptation.* Cham, Switzerland: Springer International, 2017.

第二章　土壤的暗物质

Djokic, Tara, Martin J. Van Kranendonk, Kathleen A. Campbell, Malcolm R. Walter, and Colin R. Ward. "Earliest Signs of Life on Land Preserved in ca. 3.5 Ga Hot Spring Deposits." *Nature Communications* 8 (2017): 15263.

Fierer, Noah. "Earthworms' Place on Earth." *Science* 366 (2019): 425–426.

Flemming, Hans-Curt, and Stefan Wuertz. "Bacteria and Archaea on Earth and Their Abundance in Biofilms." *Nature Reviews Microbiology* 17 (2019): 247–260.

Hütsch, Birgit W., Jürgen Augustin, and Wolfgang Merbach. "Plant Rhizodeposition: An Important Source for Carbon Turnover in Soils." *Journal of Plant Nutrition and Soil Science* 165 (2002): 397–407.

Kumar, Rajeew, Sharad Pandey, and Apury Pandey. "Plant Roots and Carbon Sequestration." *Current Science* 91 (2006): 885–890.

Lambers, Hans. "Growth, Respiration, Exudation and Symbiotic Associations: The Fate of Carbon Translocated to the Roots." In *Root Development and Function,* edited by P. J. Gregory, J. V. Lake, and D. A. Rose, 125–145. Cambridge: Cambridge University Press, 1987.

Nguyen, Christophe. "Rhizodeposition of Organic C by Plants: Mechanisms and Controls." *Agronomy* 23 (2003): 375–396.

Tashiro, Takayuki, Akizumi Ishida, Masako Hori, Motoko Igisu, Mizuho Koike, Pauline Méjean, Naoto Takahata, Yuji Sano, and Tsuyoshi Komiya. "Early Trace of Life from 3.95 Ga Sedimentary Rocks in Labrador, Canada." *Nature* 549 (2017): 516–518.

Valley, John W. "A Cool Early Earth?" *Scientific American* 293 (2005): 58–63.

Wilde, Simon A., John W. Valley, William H. Peck, and Colin M. Graham. "Evidence from Detrital Zircons for the Existence of Continental Crust and Oceans on the Earth 4.4 Gyr Ago." *Nature* 409 (2001): 175–178.

第三章　土壤工程

Baltz, Richard H. "Marcel Faber Roundtable: Is Our Antibiotic Pipeline Unproductive Because of Starvation, Constipation or Lack of Inspiration?" *Journal of Industrial and Microbial Biotechnology* 33 (July 2006): 507–513.

Costa, Ohana Y. A., Jos M. Raaijmakers, and Eiko E. Kuramae. "Microbial Extracellular Polymeric Substances: Ecological Function and Impact on Soil Aggregation." *Frontiers in Microbiology* 9 (July 2018): 1636.

Feller, Christian, Lydie Chapuis-Lardy, and Fiorenzo Ugolini. "The Representation of Soil in the Western Art: From Genesis to Pedogenesis." In *Soil and Culture,* edited by Edward R. Landa and Christian Feller, 3–22. Dordrecht: Springer Netherlands, 2009.

Hütsch, Birgit W., Jürgen Augustin, and Wolfgang Merbach. "Plant Rhizodeposition: An Important Source for Carbon Turnover in Soils." *Journal of Plant Nutrition and Soil Science* 165 (2002): 397–407.

Jones, Martin K., and Xinyi Liu. "Origins of Agriculture in East Asia." *Science* 324 (2009): 730–731.

National Research Council. *The New Science of Metagenomics: Revealing the Secrets of Our Microbial Planet.* Washington, D.C.: National Academies Press, 2007.

Stewart, W. M., D. W. Dibb, A. E. Johnston, and T. J. Smyth. "The Contribution of Commercial Fertilizer Nutrients to Food Production." *Agronomy* 97 (2005): 1–6.

Tauger, Mark B. "The Origins of Agriculture and the Dual Subordination." In *Agriculture in World History,* 3–14. London: Routledge, 2010.

Torsvik, Vigdis, and Lise Øvreås. "Microbial Diversity and Function in Soil: From Genes to Ecosystems." *Current Opinion in Microbiology* 5 (2002): 240.

The United Nations World Water Development Report: Water for a Sustainable World: Facts and Figures. Paris: UNESCO, 2015.

Wang, B., and Y.-L. Qiu. "Phylogenetic Distribution and Evolution of Mycorrhizas in Land Plants." *Mycorrhiza* 16 (2006): 299–363.

第四章　从混乱到有序：短暂的过渡

Buol, Stanley W., Randal J. Southard, Robert C. Graham, and Paul A. McDaniel. *Soil Genesis and Classification.* 5th ed. Ames: Iowa State University Press, 2003.

Deckers, Jozef, Paul Driessen, Freddy Nachtergaele, and Otto Spaargaren. *World Reference Base for Soil Resources—in a Nutshell.* European Soil Bureau, European Soil Bureau, Research Report no. 7, January 2001.

Hans, Jenny. *Factors of Soil Formation: A System of Quantitative Pedology.* New York: McGraw-Hill, 1941.

Krasilnikov, Pavel, Juan-José Ibáñez Martí, Richard Arnold, and Serghei Shoba, eds. *A Handbook of Soil Terminology, Correlation and Classification.* London: Routledge, 2009.

Wallace, Robert S. "Record-Holding Plants." *Plant Sciences,* Encyclopedia.

com, updated December 30, 2020. https://www.encyclopedia.com/science/news-wires-white-papers-and-books/record-holding-plants.

West, L. T., M. J. Singer, and A. E. Hartemink, eds. "Introduction." In *The Soils of the USA,* 1–7. Cham, Switzerland: Springer, 2017.

第五章 风、水和犁

Arsenault, Chris. "Only 60 Years of Farming Left If Soil Degradation Continues." *Scientific American,* December 5, 2014. https://www.scientificamerican.com/article/only-60-years-of-farming-left-if-soil-degradation-continues/.

Chen, Xiaochao, Jie Zhang, Yanling Chen, Qian Li, Fanjun Chen, Lixing Yuan, and Guohua Mi. "Changes in Root Size and Distribution in Relation to Nitrogen Accumulation During Maize Breeding in China." *Plant Soil* 374 (2014): 121–130.

Cox, Craig, Andrew Hug, and Nils Bruzelius. *Losing Ground.* Washington, D.C.: Environmental Working Group, April 2011.

Daniels, R. B. "Soil Erosion and Degradation in the Southern Piedmont of the USA." In *Land Transformation in Agriculture,* edited by M. G. Wolman and F. G. A. Fournier, 407–428. New York: John Wiley and Sons, 1987.

den Biggelaar, Christoffel, Rattan Lal, Hari Eswaran, Vincent E. Breneman, and Paul F. Reich. "Crop Yield Losses to Soil Erosion at Regional and Global Scales: Evidence from Plot-Level and GIS Data." In *Land Quality, Agricultural Productivity, and Food Security: Biophysical Processes and Economic Choices at Local, Regional, and Global Levels,* edited by Keith Wiebe, 262–279. Cheltenham, UK: Edward Elgar, 2003.

Egan, Timothy. *The Worst Hard Time: The Untold Story of Those Who Survived the Great American Dust Bowl.* New York: Houghton Mifflin Harcourt, 2006.

Gelder, Brian, Tim Sklenar, David James, Daryl Herzmann, Richard Cruse, Karl Gesch, and John Laflen. "The Daily Erosion Project: Daily Estimates of Water Runoff, Soil Detachment, and Erosion." *Earth Surface Processes and Landforms* 43 (2018): 1105–1117.

Hamza, Waleed. "The Nile Delta." In *The Nile,* edited by H. J. Dumont, 75–94. Dordrecht: Springer Netherlands, 2009.

Hsieh, Y. P., K. T. Grant, and G. C. Bugna. "A Field Method for Soil Erosion Measurements in Agricultural and Natural Lands." *Journal of Soil and Water Conservation* 64 (2009): 374.

IPCC. *Climate Change and Land: An IPCC Special Report on Climate Change, Desertification, Land Degradation, Sustainable Land Management, Food Security, and Greenhouse Gas Fluxes in Terrestrial Ecosystems.* 2019. https://www.ipcc.ch/srccl/.

Jarchow, Meghann, E., and Matt Liebman. "Tradeoffs in Biomass and Nutrient Allocation in Prairies and Corn Managed for Bioenergy Production." *Crop Science* 52 (2012): 1330–1342.

Jefferson, Thomas. *Thomas Jefferson's Garden Book.* Edited by E. M. Betts. Monticello, Va.: Thomas Jefferson Foundation, 1999.

Jelinski, Nicolas A., Benjamin Campforts, Jane A. Willenbring, Thomas E. Schumacher, Sheng Li, David A. Lobb, Sharon K. Papiernik, and Kyungsoo Yoo. "Meteoric Beryllium-10 as a Tracer of Erosion Due to Postsettlement Land Use in West-Central Minnesota, USA." *Journal of Geophysical Research: Earth Surface* 124 (2019): 874–901.

King, C., N. Baghdadi, V. Lecomte, and O. Cerdan. "The Application of Remote-Sensing Data to Monitoring and Modelling of Soil Erosion." *Catena* 62 (2005): 79–93.

Laflen, John M., and Dennis C. Flanagan. "The Development of U.S. Soil Erosion Prediction and Modeling." *International Soil and Water Conservation Research* 1 (2013): 2.

Lal, Rattan, and William C. Moldenhauer. "Effects of Soil Erosion on Crop Productivity." *Critical Reviews in Plant Sciences* 5 (1987): 303–367.

Montgomery, David R. "Soil Erosion and Agricultural Sustainability." *PNAS* 104 (2014): 13268–13272.

Munne-Bosch, Sergi. "Perennial Roots to Immortality." *Plant Physiology* 166 (2014): 720–725.

Portenga, Eric W., and Paul R. Bierman. "Understanding Earth's Eroding Surface with ^{10}Be." *Geological Society of America Today* 21 (2011): 4–10.

Porto, Paolo, Des E. Walling, Vito Ferro, and Costanza di Sefano. "Validating Erosion Rate Estimates Provided by Caesium-137 Measurements for Two Small Forested Catchments in Calabria, Southern Italy." *Land Degradation and Development* 14 (2007): 389–408.

Ravi, Sujith, Paolo D'Odorico, David D. Breshears, Jason P. Field, Andrew S. Goudie, Travis E. Huxman, Junran Li, et al. "Aeolian Processes and the Biosphere." *Reviews of Geophysics* 49 (2011): 1.

Tian, Qiuying, Fanjun Chen, Fusuo Zhang, and Guohua Mi. "Genotypic Difference in Nitrogen Acquisition Ability in Maize Plants Is Related to the Coordination of Leaf and Root Growth." *Journal of Plant Nutrition* 29 (2006): 317–330.

Veenstra, Jessica J., and C. Lee Burras. "Soil Profile Transformation After 50 Years of Agricultural Land Use." *Soil Science Society of America Journal* 79 (2015): 1154–1162.

Wilkinson, Bruce H., and Brandon J. McElroy. "The Impact of Humans on Continental Erosion and Sedimentation." *Geological Society of America Bulletin* 119 (2007): 140–156.

第六章　石质星球

Almagro, André, Paulo Tarso S. Oliveira, Mark A. Mearing, and Stefan Hagemann. "Projected Climate Change Impacts in Rainfall Erosivity over Brazil." *Scientific Reports* 7 (2017): 8130.

"Bhutan: Committed to Conservation." World Wildlife Foundation. https://www.worldwildlife.org/projects/bhutan-committed-to-conservation.

Borrelli, Pasquale, David A. Robinson, Larissa R. Fleischer, Emanuele Lugato, Cristiano Ballabio, Christine Alewell, Katrin Meusburger, et al. "An Assessment of the Global Impact of 21st Century Land Use Change on Soil Erosion." *Nature Communications* 8 (2017): 2013.

Cruse, Richard M. *Economic Impacts of Soil Erosion in Iowa.* Leopold Center Completed Grant Reports, 2016.

FAO. *Small Family Farms Country Factsheet: Indonesia.* Rome: FAO, 2018.

Foley, Jonathan A., Navin Ramankutty, Kate A. Brauman, Emily S. Cassidy, James S. Gerber, Matt Johnston, Nathanial D. Mueller, et al. "Solutions for a Cultivated Planet." *Nature* 478 (2011): 337–342.

Franko, Ivan. "Chernozems of Ukraine: Past, Present, and Future Perspectives." *Soil Science Annual* 70 (2019): 193–197.

Khor, Martin. "Land Degradation Causes $10 Billion Loss to South Asia Annually." *Global Policy Forum.* https://www.globalpolicy.org/global-taxes/49705-land-degradation-causes-10-billion-loss-to-south-asi.

Kinealy, Christine. "Saving the Irish Poor: Charity and the Great Famine." In *The 1846–1851 Famine in Ireland: Echoes and Repercussions,* Cahiers du MIMMOC, December 2015. https://doi.org/10.4000/mimmoc.1845.

Liang, Yanru, Rattan Lal, Shengli Guo, Ruiqiang Liu, and Yaxian Hu. "Impacts of Simulated Erosion and Soil Amendments on Greenhouse Gas Fluxes and Maize Yield in Miamian Soil of Central Ohio." *Scientific Reports* 8 (2018): 520.

Liu, Xiobang, Charles Lee Burras, Yuri S. Kravchenko, Artigas Duran, Ted Huffman, Hector Morras, Guillermo Studdert, Xingyi Zhang, Richard M. Cruse, and Xiaohui Yuan. "Overview of Mollisols in the World: Distribution, Land Use and Management." *Canadian Journal of Soil Science* 92 (2011): 383–402.

Milesi, Orlando, and Marianela Jarroud. "Soil Degradation Threatens Nutrition in Latin America." *Inter Press Service,* June 15, 2016. http://www.ipsnews.net/2016/06/soil-degradation-threatens-nutrition-in-latin-america/.

Nkonya, Ephraim, Weston Anderson, Edward Kato, Jawoo Koo, Alisher Mirzabaev, Joachim von Braun, and Stefan Meyer. "Global Cost of Land Degradation." In *Economics of Land Degradation and Improvement: A Global Assessment for Sustainable Development,* edited by Ephraim Nkonya, Alisher Mirzabaev, and Joachim von Braun, 117–165. Cham, Switzerland: Springer International, 2016.

Pimentel, David, C. Harvey, P. Resosudarmo, K. Sinclair, D. Kurz, M. McNair, S. Crist, et al. "Environmental and Economic Costs of Soil Erosion and Conservation Benefits." *Science* 267 (1995): 1120.

PwC Brazil. *Agribusiness in Brazil: An Overview.* 2013. https://www.pwc.com.br/pt/publicacoes/setores-atividade/assets/agribusiness/2013/pwc-agribusiness-brazil-overview-13.pdf.

Rabotyagov, Sergey S., Todd D. Campbell, Michael White, Jeffrey G. Arnold,

Jay Atwood, M. Lee Norfleet, Catherine L. Kling, et al. "Cost-Effective Targeting of Conservation Investments to Reduce the Northern Gulf of Mexico Hypoxic Zone." *PNAS* 111 (2014): 18530–18535.

Ray, Deepak K., Navin Ramankutty, Nathaniel D. Mueller, Paul C. West, and Johnathan A. Foley. "Recent Patterns of Crop Yield Growth and Stagnation." *Nature Communications* 3 (2012): 1293.

Repetto, Robert, "Soil Loss and Population Pressure on Java." *AMBIO: A Journal of the Human Environment* 15 (1986): 14–18.

Robinson, David A., I. Fraser, E. J. Dominati, B. Davíðsdóttir, J. O. G. Jónsson, L. Jones, S. B. Jones, et al. "On the Value of Soil Resources in the Context of Natural Capital and Ecosystem Service Delivery," *Soil Science Issues* 78 (2014): 685–700.

Royal Government of Bhutan. *Bhutan: In Pursuit of Sustainable Development.* National Report for the United Nations Conference on Sustainable Development, 2012. https://sustainabledevelopment.un.org/content/documents/798bhutanreport.pdf.

Rudiarto, Iwan, and W. Doppler. "Impact of Land Use Change in Accelerating Soil Erosion in Indonesian Upland Area: A Case of Dieng Plateau, Central Java—Indonesia." *International Journal of AgriScience* 3 (2013): 574.

Sarkar, Dipak, Abul Kalam Azad, S. K. Sing, and Nasrin Akter, eds. *Strategies for Arresting Land Degradation in South Asian Countries.* Dhaka: SAARC Agriculture Centre, 2011.

Snyder, Timothy. *Black Earth: The Holocaust as History and Warning.* New York: Tim Duggan Books, 2016.

Telles, Tiago Santos, Sonia Carmela Falci Dechen, Luiz Gustavo Antonio de Souza, and Maria de Fátima Guimarães. "Valuation and Assessment of Soil Erosion Costs." *Scientia Agricola* 70 (2013): 209–216.

UN Security Council. "Amid Humanitarian Funding Gap, 20 Million People Across Africa, Yemen at Risk of Starvation, Emergency Relief Chief Warns Security Council." UN Meetings Coverage and Press Releases, March 10, 2017. https://www.un.org/press/en/2017/sc12748.doc.htm.

Verma, Ritu. *Gender, Land, and Livelihoods in East Africa: Through Farmers' Eyes.* Ottawa, Ont.: International Development Research Centre, 2001.

第七章　气候—土壤二重奏

Evans, Martin, and John Lindsay. "The Impact of Gully Erosion on Carbon Sequestration in Blanket Peatlands." *Climate Research* 45 (2010): 31–41.

Gewin, Virginia. "How Peat Could Protect the Planet." *Nature* 578 (2020): 204–208.

IPCC. *Climate Change and Land: An IPCC Special Report on Climate Change, Desertification, Land Degradation, Sustainable Land Management, Food Security, and Greenhouse Gas Fluxes in Terrestrial Ecosystems.* 2019. https://www.ipcc.ch/srccl/.

Jiang, Yu, Kees Jan van Groenigen, Shan Huang, Bruce A. Hungate, Chris van Kessel, Shuijin Hu, Jun Zhang, et al. "Higher Yields and Lower Methane Emissions with New Rice Cultivars." *Global Change Biology* 23 (2017): 4728–4738.

Melling, Lulie, Kah Joo Goh, Auldry Chaddy, and Ryusuke Hatano. "Soil CO_2 Fluxes from Different Ages of Oil Palm in Tropical Peatland of Sarawak, Malaysia." In *Soil Carbon,* edited by Alfred E. Hartemink and Kevin McSweeney, 447–455. New York: Springer, 2014.

Oertel, Cornelius, Jörg Matschullat, Kamal Zurba, Frank Zimmermann, and Stefan Erasmi. "Greenhouse Gas Emissions from Soils: A Review." *Geochemistry* 76 (2016): 327–352.

Olsson, Lennart, L. Eklundh, and J. Ardö. "A Recent Greening of the Sahel: Trends, Patterns and Potential Causes." *Journal of Arid Environments* 63 (November 2005): 556–566.

Paustian, Keith, Johannes Lehmann, Stephen Ogle, David Reay, G. Philip Robertson, and Pete Smith. "Climate-Smart Soils." *Nature* 532 (2016): 49–57.

Ravishankara, A. R., John S. Daniel, and Robert W. Portmann. "Nitrous Oxide (N_2O): The Dominant Ozone-Depleting Substance Emitted in the 21st Century." *Science* 326 (2009): 123–125.

Turetsky, Merritt R., Brian Benscoter, Susan Page, Guillermo Rein, Guido R. van der Werf, and Adam Watts. "Global Vulnerability of Peatlands to Fire and Carbon Loss." *Nature Geoscience* 8 (2015): 11–14.

United Nations. *Climate Change and Indigenous Peoples,* 2007. https://www.un.org/en/events/indigenousday/pdf/Backgrounder_ClimateChange_FINAL.pdf.

Ussiri, David A. N., and Rattan Lal. *Carbon Sequestration for Climate Change Mitigation and Adaptation.* Cham, Switzerland: Springer International, 2017.

Woolf, Dominic, Johannes Lehmann, Annette Cowie, Maria Luz Cayuela, Thea Whitman, and Saran Sohi. "Biochar for Climate Mitigation: Navigating from Science to Evidence-Based Policy." In *Soil and Climate,* edited by Rattan Lal and B. A. Stewart, 219–248. New York: CRC Press, 2018.

Zhang, Bowen, Hangin Tian, Wei Ren, Bo Tao, Chaoqun Lu, Jia Yang, Kamaljit Banger, and Shufen Pan. "Methane Emissions from Global Rice Fields: Magnitude, Spatiotemporal Patterns, and Environmental Controls." *Global Biogeochemical Cycles* 30 (2016): 1246–1263.

第八章　土壤管家

Beach, Timothy, N. Dunning, S. Luzzadder-Beach, D. E. Cook, and J. Lohse. "Impacts of the Ancient Maya on Soil Erosion in the Central Maya Lowlands." *Catena* 65 (2006): 166–178.

Cleveland, David A., Fred Bowannie Jr., Donald F. Eriacho, Andrew Laahty, and Eric Perramond. "Zuni Farming and United States Government Policy: The Politics of Biological and Cultural Diversity in Agriculture." *Agriculture and Human Values* 12 (1995): 2–18.

Ford, Anabel, and Ronald Nigh. "The Milpa Cycle and the Making of the Maya Forest Garden." *Research Reports in Belizean Archaeology* 7 (2010): 183–190.

Harmsworth, Garth R., and N. Roskruge. "Indigenous Māori Values, Perspectives and Knowledge of Soils in Aotearoa-New Zealand: Chapter 9—Beliefs, and Concepts of Soils, the Environment and Land." In *The Soil Underfoot: Infinite Possibilities for a Finite Resource,* edited by G. J. Churchman and E. R. Landa, 111–126. Boca Raton, Fla.: CRC Press, 2014.

Japhe, Brad. "The Wild Story of Manuka, the World's Most Coveted Honey." AFAR, April 20, 2018. https://www.afar.com/magazine/the-wild-story-of-manuka-the-worlds-most-coveted-honey.

Lentz, David L., Trinity L. Hamilton, Nicholas P. Dunning, Vernon L. Scarborough, Todd P. Luxton, Anne Vonderheide, Eric J. Tepe, et al. "Molecular Genetic and Geochemical Assays Reveal Severe Contamination of Drinking Water Reservoirs at the Ancient Maya City of Tikal." *Scientific Reports* 10 (2020): 10316.

Matsuoka, Yoshihiro, Yves Vigouroux, Major M. Goodman, Jesus Sanchez G., Edward Buckler, and John Doebley. "A Single Domestication for Maize Shown by Multilocus Microsatellite Genotyping." *PNAS* 99 (2002): 6080–6084.

Montgomery, David R. *Dirt: The Erosion of Civilizations, with a New Preface.* Berkeley: University of California Press, 2012.

Poeplau, Christopher, and Axel Don. "Carbon Sequestration in Agricultural Soils via Cultivation of Cover Crops: A Meta-Analysis." *Agriculture, Ecosystems and Environment* 200 (2015): 33–41.

Sandor, Jonathan A. "Biogeochemical Studies of a Native American Runoff Agroecosystem." *Geoarchaeology* 22 (2007): 359–386.

Tomky, Naomi. "Mexico's Famous Floating Gardens Return to Their Agricultural Roots." *Smithsonian Magazine,* January 31, 2017. https://www.smithsonianmag.com/travel/mexicos-floating-gardens-return-their-agricultural-roots-180961899/.

Veys, Fanny Wonu. *Mana Māori: The Power of New Zealand's First Inhabitants.* Leiden: Leiden University Press, 2010.

第九章　土壤群英

Binam, Joachim N., Frank Place, Antoine Kalinganire, Sigue Hamade, Moussa Boureima, Abasse Tougiani, Joseph Dakouo, et al. "Effects of Farmer Managed Natural Regeneration on Livelihoods in Semi-Arid West Africa." *Environmental Economics and Policy Studies* 17 (2015): 543–575.

Center for Human Rights and Global Justice. *Every Thirty Minutes: Farmer Suicides, Human Rights, and the Agrarian Crisis in India.* New York: NYU School of Law, 2011.

Damiano, Luis, and Jarad Niemi. *Quantification of the Impact of Prairie*

Strips on Grain Yield at the Neal Smith National Wildlife Refuge. Ames: Iowa State University Department of Statistics, 2020.

Elleby, Christian, Ignacio Pérez Domínguez, Marcel Adenauer, and Giampiero Genovese. "Impacts of the COVID-19 Pandemic on the Global Agricultural Markets." *Environmental and Resource Economics* 76 (2020): 1067–1079.

Estabrook, Barry. "Meet Allan Savory, The Pioneer of Regenerative Agriculture." *Successful Farming,* March 8, 2018. https://www.agriculture.com/livestock/cattle/meet-allan-savory-the-pioneer-of-regenerative-agriculture.

Hitch, Gregory. "Lessons from Coon Valley: The Importance of Collaboration in Watershed Management." Aldo Leopold Foundation, July 23, 2015. https://www.aldoleopold.org/post/lessons-from-coon-valley-the-importance-of-collaboration-in-watershed-management/.

Kassam, A., T. Friedrich, and R. Derpsch. "Global Spread of Conservation Agriculture." *International Journal of Environmental Studies* 76 (2019): 29–51.

Kim, Nakian, María C. Zabaloy, Kaiyu Guan, and María B. Villamil. "Do Cover Crops Benefit Soil Microbiome? A Meta-Analysis of Current Research." *Soil Biology and Biochemistry* 241 (2020): 107701.

Phillips, Ronald E., Grant W. Thomas, Robert L. Blevins, Wilbur W. Frye, and Shirley H. Phillips. "No-Tillage Agriculture." *Science* 208 (1980): 1108–1113.

Plourde, James D., Bryan C. Pijanowski, and Burak K. Pekin. "Evidence for Increased Monoculture Cropping in the Central United States." *Agriculture, Ecosystems, and Environment* 165 (2013): 50–59.

Seufert, Verena, Navin Ramankutty, and Jonathan A. Foley. "Comparing the Yields of Organic and Conventional Agriculture." *Nature* 485 (2012): 229–234.

Stanley, Paige L., Jason E. Rowntree, David K. Beede, Marcia S. DeLonge, and Michael W. Hamm. "Impacts of Soil Carbon Sequestration on Life Cycle Greenhouse Gas Emissions in Midwestern USA Beef Finishing Systems." *Agricultural Systems* 162 (2018): 249–258.

Stinson, Liz. "World's Largest Rooftop Urban Farm to Open in Paris Next

Year." Curbed, August 15, 2019. https://www.curbed.com/2019/8/15/20806540/paris-rooftop-urban-farm-opening.

Willer, Helga. "Organic Market Worldwide: Observed Trends in the Last Few Years." Bio Eco Actual, October 3, 2020. https://www.bioecoactual.com/en/2020/03/10/organic-market-worldwide-observed-trends-in-the-last-few-years/.

第十章　拥有土壤的世界

Carson, Rachel. *Silent Spring.* Boston: Houghton Mifflin, 1962.

Chambers, Adam, Rattan Lal, and Keith Paustian. "Soil Carbon Sequestration Potential of US Croplands and Grasslands: Implementing the 4 per Thousand Initiative." *Journal Soil Water Conservation* 71 (2016): 68A–74A.

4 Per 1000 Initiative (website). 4 per 1000. https://www.4p1000.org.

McGreavy, Bridie, and Laura Lindenfeld. "Entertaining Our Way to Engagement? Climate Change Films and Sustainable Development Values." *International Journal of Sustainable Development* 17 (2014): 123–136.

Minasny, Budiman, Brendan P. Malone, Alex B. McBratney, Denis A. Angers, Dominique Arrouays, Adam Chambers, Vincent Chaplot, et al. "Soil Carbon 4 per Mille." *Geoderma* 292 (2017): 59–86.

National Research Council. *Climate Intervention: Carbon Dioxide Removal and Reliable Sequestration.* Washington, D.C.: National Academies Press, 2015.

Schlesinger, William H., and Ronald Amundson. "Managing for Soil Carbon Sequestration: Let's Get Realistic." *Global Change Biology* 25 (2019): 386–389.

The State and Future of U.S. Soils: Framework for a Federal Strategic Plan for Soil Science. Subcommittee on Ecological Systems, Committee on Environment, Natural Resources, and Sustainability of the NSTC (December 2016). https://obamawhitehouse.archives.gov/sites/default/files/microsites/ostp/ssiwg_framework_december_2016.pdf.

Sunstein, Cass R. *How Change Happens.* Cambridge, Mass.: MIT Press, 2019.

Von Burg, Ron. "Decades Away or the Day After Tomorrow?: Rhetoric, Film, and the Global Warming Debate, Critical Studies in Media." *Critical Studies in Media Communication* 29 (2012): 7–26.

Winsten, Jay A. "Promoting Designated Drivers: The Harvard Alcohol Project." *American Journal of Preventative Medicine* 10 (1994): 11–14.

索 引

（索引中页码为英文原书页码，即本书页边码）
图表用“f”接页码表示；彩色插页由图片序号表示。

D

F

G

H

I

J

K

L

Q

R

S

T

U

V

W

Z

图书在版编目(CIP)数据

无土之地：如何走出土壤困境 / (美) 乔·汉德尔斯曼 (Jo Handelsman) 著；王飞译. -- 北京：社会科学文献出版社, 2023.7

书名原文: A World Without Soil: The Past, Present, and Precarious Future of the Earth Beneath Our Feet

ISBN 978-7-5228-1557-2

Ⅰ. ①无… Ⅱ. ①乔… ②王… Ⅲ. ①土壤环境-研究-世界 Ⅳ. ①X21

中国国家版本馆CIP数据核字（2023）第048330号

无土之地：如何走出土壤困境

著　　者 / ［美］乔·汉德尔斯曼（Jo Handelsman）
译　　者 / 王　飞

出 版 人 / 王利民
责任编辑 / 王　雪　杨　轩
文稿编辑 / 陈丽丽
责任印制 / 王京美

出　　版 / 社会科学文献出版社（010）59367069
地址：北京市北三环中路甲29号院华龙大厦　邮编：100029
网址：www.ssap.com.cn
发　　行 / 社会科学文献出版社（010）59367028
印　　装 / 三河市东方印刷有限公司

规　　格 / 开　本：889mm×1194mm 1/32
印　张：10.875　插　页：0.25　字　数：186 千字
版　　次 / 2023年7月第1版　2023年7月第1次印刷
书　　号 / ISBN 978-7-5228-1557-2
著作权合同登记号 / 图字01-2022-3452号
审 图 号 / GS京（2023）0989号
定　　价 / 79.00元

读者服务电话：4008918866